「クマの畑」をつくりました

MOON-
NECKLACED
BEARS

素人、クマ問題に挑戦中

板垣 悟

地人書館

カバーイラスト
田中豊美

カバーデザイン
小玉和男

本文イラスト
田中豊美（p.60,79）
板垣　悟（その他のイラスト）

未だクマを知らず　焉ぞ地球を知らん
未だクマを知らず　焉ぞ宇宙を知らん

《目　次》

第2章　ツキノワグマと棲処《すみか》の森を守る会

第3章　クマをめぐる保護と対策の現状

第4章　「クマの畑」——天使のささやきか、悪魔の誘《いざな》いか

第5章 クマを守ることは森を守ること

はじめに

二〇〇四年秋、ツキノワグマが全国各地で頻繁に出没し、人身事故も多発して、社会問題にもなりました。特に北陸地方での人里接近の様子は毎日のようにテレビで放映され、「クマ騒動」と呼ばれるほどだったことは記憶にも新しいでしょう。人家に居座ったり、養鶏場を荒らしたりという事例も報告されました。こうした異常事態の原因を専門家は、一〇年ぶりの猛暑に加えて、これまでの記録を上回る一〇個もの台風の上陸という異常気象の重なりがツキノワグマを撹乱し、また山の食べ物の不足を招き、餌を求めたクマたちが里に降りたのではないか、と分析しています。身の危険をも顧みず人の食べ物に引き寄せられたクマたちは、被害者数の増加とともに、次々と駆除されていきました。

これまでも数年に一度、このような多くのクマの異常接近が起き、そのつど、自然環境の破壊や減少による食糧の不足、異常気象による山の実りの不作などが原因として指摘されてきました。しかしその原因が改善されることはなく、ほとんどの地域ではクマの駆除だけが唯一の対策として、またその場限りの対策として続けられてきました。

クマの人里への接近は、異常年に限ったことではありません。毎年春から秋にかけて少なからず、本州各地でクマの人里接近が話題となります。そして、「有害駆除」、すなわち捕獲され殺される。人とクマとの関係は良くない状況にあります。

山菜採りやタケノコ採りでのトラブル。畑のものを失敬し、はたまた人家にまで入り込むクマ。しかし、それはクマが悪いのですか。山を壊し、クマを森を奪ったのは誰ですか。森から追われたから、クマが里へ近づく。その原因は追求されずに、責任はすべてクマの命に転嫁されてしまいます。

「ひたすら殺すだけのクマ行政」に疑問を感じ、クマへの責任を果たしてゆく活動をしなければ、と始めた様々な活動。ツキノワグマとはどんな生物なのか。私自身知らないことが多かった。世の中では撲滅作戦に見えるような対応が続く。いらない動物などいない。

人にとって益獣か否か、そんなことは問題ではない。日本の自然の一員を担うクマの役割を、人は知らないだけ、理解していないだけ。人はそれを探し得るのか、否、探す必要などない。地球上の小さな島、この日本列島に人もクマも暮らし、同じ空気を吸い、皆、懸命に生きているだけ。生きることに関しては人もクマも平等のはずです。

九州では以前から絶滅が定説になっていましたが、クマのものと思われる痕跡が見られていたり、まだいるらしいという声も聞かれ、生息か絶滅かが議論になっていました。

しかし、二〇〇一年、ついに九州ではツキノワグマの絶滅宣言が出されました。四国も時間の問題だと言われています。しかし、ツキノワグマという動物を、何も知り得ることなく滅ぼさせてはいけない。将来のツキノワグマを日本人はどうするのか。ツキノワグマを取り囲む状勢の好転を望み、これまでの活動がありました。

ここでまずお断りしておきたいのは、私の本職はクマの保護活動でも調査研究職でも、被害防除対策に関わる仕事でもないことです。普段は仙台市内の郵便局に勤務しています。そんな私が「ツキノワグマと棲処《すみか》の森を守る会」を立ち上げて二十年、会員ほか多くの人々のご協力をいただきながら、ツキノワグマの調査や周知活動など、様々な活動を行なってきました。

ボランティアで、という曖昧さが活動を続けさせたのだと思う反面、それほど大きな責任を負わないボランティアという軽い気持ちで、「クマ」という、この問題多き対象に携わっていいのだろうか。ボランティア気分での被害対策や保護活動が、生活をかけて農業を営んでいる人の前で通用するのだろうか。クマの問題は専門職として本腰を入れて解決すべき重い問題ではないのだろうか。こんな思いがいつも頭の中にありました。しかしまた、ボランティアで、懸命にクマに関わる人がいたっていいじゃないかと、頭の中は常に錯綜しています。

クマの保護は本当に難しく、厳しい。いっこうに減らない農業被害とそれに伴うクマの「駆除」、一頭たりとも殺すなと言わないかわりに、一頭でも多く救いたい、人も助かりクマも助かる方法はないものか、そうして思い切って取り組み始めたのが「クマの畑」のプロジェクト。

「エッ、『クマの畑』って何？　」、「クマに食べさせる作物を作るの？　何か変じゃない？」、そうお思いになった方も多いでしょう。予想通り、この方法は賛否両論を呼びました。クマを堕落させる、野生動物に餌付けをすることになる、反自然だ、等々、反対意見も多く寄せられました。

その通り、でも当分は、このプロジェクトをやめるつもりはありません。被害の問題、駆除の問題、保護のあり方、その他様々な問題を抱えながらも、問題提起と話題喚起を信条として今後も続けていくつもりです。

なぜそうまでして「クマの畑」をつくるのか、そもそも、野生動物についてきちんと学んだこともなく調査員でも研究者でもない素人の私が、なぜこのような活動に足を踏み入れることになったのかを、私はこの本の中でお話ししてみたいと思います。また、クマのことをよくご存じない方には、日本のツキノワグマが置かれている現状を知ってもらい、何かを感じ取り、動き出してほしい。知らなかったら、これから知っていけばいい。素人でもできる、いや、素人だからこそできる活動があることを知ってほしいのです。そして対象は何であれ、野生動物保護や環境保全活動に携わる全国各地の方々、何か行動を起こしたいのに足踏みしている方々に勇気を出してもらえたら、こんなにうれしいことはありません。

第1章

森を追われ里へ引き寄せられるクマ

本当は静かで臆病者

「野生のツキノワグマ」と聞いて、皆さんはどんなことを思うでしょう。凶暴で恐ろしい動物、人を襲う、何mもある巨大な動物、肉が大好き、などですか。

童謡や玩具、昔話では親しまれていても、森でクマに遭ったら「クマが出たー、助けてー」と、逃げ出すに違いありません。野生のクマは、ぬいぐるみと違うことは確かです。

でも本当に、そんなに怖い動物なのでしょうか。

確かに、人間が戦ったならば、クマにはかないません。鋭いツメやキバ、力のある太い腕にかかったら、人間などひとたまりもないでしょう。でも、もともとそのキバは、人間を噛むためのものではありません。そのツメは、人間を傷つけるためのものではありません。キバや歯は身を守り、ドングリやクルミを砕き、ツメや腕はそれらの実をはじめ、春の若芽、秋のいろんな山の果実を手に入れるために木に登ったり、木の枝を折る重要な道具なのです。

体だってそんなに大きくはありません。一九九六年と九七年、宮城県の調査で生け捕りされた五頭のツキノワグマの体重は、大きい順から八五・六kg、七五・〇kg、六一・〇kg、五八・〇kg、三二・〇kgでした。

その昔は大きいクマが捕獲されていたようですが、最近では一五〇kgは珍しく、一〇〇kgを超えれば「大物」と言われます。普通は八〇kg前後で、少し体格の大きい人間ほどしかありません。

本当は静かで臆病者。

ちなみに、日本で過去に捕獲された最大のツキノワグマは、二二〇kgということですが、信用性は定かではありません。私もクマの体重を計測する前に予測してみるのですが、なかなか当たりません。大きく見えるので重く予測してしまうようです。よく新聞などに「××kgのクマ、有害獣として捕獲」と出ることがありますが、こんな場合は目測がほとんどで、誤測であることが多いと思います。獲った人にすると、大きいクマを獲ったことにしたいのでしょう。

ひとくちにクマといっても、日本のツキノワグマは、アメリカやシベリアのヒグマ、グリズリーのように、五〇〇~六〇〇kgもあるクマとは違います（ただし、大きいから凶暴ということではありません）。

本来、クマは山の奥や森で、その秘められた力をひけらかすことなく、静かに生きる動物だと思います。日本でクマが話題になるときは、新聞に「人がクマに襲われ死亡・傷害」などと載るときです。だから、いかにもクマはいつも人を襲いたがり、襲おうと、人が山へ来るのを待っている印象があるかもしれません。でも、そんなことはありません。クマは人間が怖いのです。人とクマとが近づいたならば、圧倒的にクマのほうが出逢いを避けています。接近し過ぎると、怖いからこそ襲ってしまいます。本当は臆病なのです。

森を追われるツキノワグマ

そんなやさしい猛獣ツキノワグマに、絶滅の危機が迫っています。その姿を見せただけでハンターに追われ、銃口の的となり、ちょっと畑の農作物を失敬しただけで、ワナ（檻）に捕らえられ殺されています。

九州ではほぼ絶滅、四国もそれに近い極めて少ない状態、本州でも絶滅が憂慮される地域があります。このままでは、この日本から姿を消す日も近いでしょう。日本という大地に私たちと共に生きるツキノワグマの生息地は、人間優先の開発が盛んとなり、棲処となる森を減少させています。ツキノワグマは苦悩しています。

近年、環境問題に高い関心を集めながらも、自然林の伐採やリゾート開発、道路整備は止むことがありません。昔から日本人に馴染み深い動物として親しまれてきたツキノワグマの生息域は、今

伐採が進み、棲処を追われる。

も破壊され続けています。ツキノワグマは広大な自然林がなくては生きていけないのです。開発行為は彼らにとって、生か死かの大問題です。ツキノワグマにこれ以上のダメージを与えてはなりません。

森を追われ、人里へ接近しては農作物に誘引されて、被害をもたらすこともあります。林業、養蜂、養魚への被害も著しく、発生すればそれが相当な被害額に及びます。農林業の人たちにとっては、経済的なダメージを受けるだけでなく、耕作意欲や生産意欲が低下することにもなります。その対策は、「有害鳥獣駆除」としての捕獲。結果、生命を断たれるのが実状です。しかし本来、それらの場所はツキノワグマの大切な生活の場所でもあったのです。

人間が禁断の味を教えた

本来の生息地を奪った人間は、なおもクマには本来の生息地にいることを望み、クマが本来の食べ物を採れずにほとほと困り、農作物に手を出せば、本来の食べ物にあらずと言われ、その被害はクマの命に代えられます。クマは雑食です。何でも食べます。「本来の食べ物を食べろ」というのは、人間のエゴとしかと思えません。人間が不用意に山に捨てた食べ物だって、それは、まぎれもない食べ物です。クマにとっては今、目の前にあって、食べられるものが食べ物なのです。チョコレートだろうがコーラだろうが、ジュース、チーズ、刺身、フライ、ハンバーグ、スイカ、天ぷら、何

季節ごとにある山の実りを好物として生きている。

でも食べます。

クマに味を教えたのは人間です。おいしい農作物を山の際に作り、クマに味を教えたのも人間です。クマは人間のいるところにおいしいものがあると思ってしまったかもしれません。すべては人間の責任です。いまや農作物も、本来の食べ物になっています。むしろクマのほうが人間と共存するために、我慢を重ねて、努力しています。

ところで、ツキノワグマは何でも食べると記しましたが、ワラビのようなアクの強い山菜やトチの実は食べないようで、やっぱりクマでも食べないものは多種あります。この点では人間のほうが何でも食べる超雑食と言えます。

ただ、クマにだって個性はあるでしょう。すべてにおいて「クマはこうなんだ」と決めつけられません。人間にも気性の荒い人、穏やかな人がいますし、食べ物の好みも十人十色。クマだって気性や好みは千差万別でしょう。なかなか一般論でしか語れないのも、クマのクマたるゆえんかもしれません。

有害鳥獣駆除

ツキノワグマが狩猟という手段よりも、「有害鳥獣駆除」の名のもとに「除殺」される数のほうが多いことをご存じでしょうか。有害鳥獣駆除とは、狩猟とは全く異なる野生動物の捕獲行為で、一つの被害対策です。野生鳥獣による被害が発生してから、それ以上の被害を抑えるために、被害の対象となる生き物を、駆除の許可を得て捕殺する行政行為です。対象鳥獣や各都道府県により、許可権者が県知事だったり、市長村長だったりします。ツキノワグマの場合でも、各都府県により許可権者が異なります。また、狩猟の場合はワナによるクマの捕獲はできませんが、有害鳥獣駆除はワナによる捕獲が可能です。狩猟は定められた期間だけに行なえますが、有害鳥獣駆除は、その許可に有効期限があるものの、季節を問わず、一年中、許可が出されれば捕獲が可能です。

予察駆除、予防駆除と呼ばれる駆除もあります。被害が発生する前に行なう駆除で、ごく近い将来に被害を発生させるであろうことや、人里への接近を想定した、被害発生をあらかじめ抑制する駆除です。人間なら「あなたは将来、社会的に何らかの害を起こすと思われるので殺すことにします」と死刑になるようなものです。

一八九五年（明治二八年）制定の「狩猟ニ関スル法律」（狩猟法）が、折々に改正され、一九六三年（昭和三八年）に「鳥獣保護及狩猟ニ関スル法律」（鳥獣保護法）に改称。その後も改正を重ね、二〇〇二年（平成一四年）に「鳥獣の保護及び狩猟の適正化に関する法律」（新鳥獣保護法）として全面改定されました。それまでは法の目的に【有害鳥獣ノ駆除】の語文が盛られていましたが、新鳥獣保護法は、その語文が消え、【鳥獣による生活環境、農林水産業又は生態系に係る被害を防止】に換わっています。しかし、被害がなくなったわけではありませんから、有害鳥獣駆除としての捕獲行為は、従来通りに行なわれています。

被害現場をたずね歩いて

クマの痕跡調査をしながらも、被害の把握もまた、忘れることはできません。これまでも、いろいろなツキノワグマ被害を見てきました。

被害の現場に行くと、確かにそこにはツキノワグマの痕跡があり、諸状況から、その被害がツキノワグマによるものであろうことがわかります。そのために、有害鳥獣としての捕獲が許可されて、檻ワナを掛けると、これまたうまく捕獲されてしまい、結局、被害の代償となるのです。

東北地方の蔵王《ざおう》山麓は酪農が盛んで、牛の飼料用のデントコーンが主な農作物であり、クマの農作物被害もこのデントコーン畑に多く発生します。

デントコーン被害。中ほどからやられるため、畑の外からは見えにくい。

牛の飼料用のデントコーン畑の被害は、畑の表からは見えにくい奥まった場所から始まります。しかも、明日にも収穫されんとするコーンを食べるのです。大きな茎をなぎ倒し、ほんの少しかじっているものもあれば、ほとんどきれいに食べているものもあります。背の高いコーン畑の中では、隔離された自分の部屋にでもいるがのごとく安心して食べることができるのでしょう。放っておけばその面積は日に日に広がり、気がついたときにはほぼ全滅の状態になりかねないのです。

デントコーン被害はそれだけではありません。「クマが荒らした畑から収穫したコーンは、牛が食べない」と言う人と「いや、食べる」と言う人がいますが、牛によっては食べるようです。ただ、クマの食べ残しが腐って、それをい

っしょに収穫すると、サイロ（飼料の貯蔵庫）に入れてから
カビが発生し、それを牛が食べると、体調を落とし、乳質に
まで響いてきます。結局、その乳は、購入されないか、買い
たたかれて、収入を落とすことになります。収穫時、どうし
てもクマの食べ残しがいっしょに入ってしまうし、カビを取
り除くにも手間がかかります。それなら、収穫しないほうが
いいと考えてしまいます。

クマの食べ残したデントコーンからはカビが発生した。

養蜂への被害もあります。ふつう、蜜箱は人の目が届かないい離れた森に置かれることが多いため、被害現場はそう見られるものではありませんが、家の庭先に巣箱を置いて被害にあった人の話を聞き、現場を見に行きました。薄暗い早朝、クマが蜜箱を前肢で抱えて、途中で置きながらも、すぐ脇の杉林に持っていったそうです。置いていた場所から二〇ｍほど離れた隣接する杉林に、バラバラになった箱ワクがありました。

「被害は憎いけれど、クマを憎むわけにもいかない。この辺はクマがいるのは当たり前。被害を与えないならば、この周辺の森にいてくれるのはいっこうにかまわない」と、その養蜂家は語りました。

川崎町では、母屋から少し離れたポンプ小屋の屋根が壊されました。中には蜜をタップリ含んだ蜂の巣があり、これを狙って侵入したかったのでしょう。ポンプ小屋の扉にはカギがかかっていて開けられず、屋根に目をつけて侵入を試みたのでしょう。苦慮する姿が想像できました。

クマハギという被害。杉やヒバの表皮を剥いで、歯で削り、材としての価値をなくしてしまうものです。西日本で多く発見され始め、北日本にも多く発生するようになりました。西日本の多くのツキノワグマは、このクマハギ被害のために駆除され、激減していったのです。

クマハギ被害。根元をほとんど剥かれてしまっている。

山形県米沢市でクマハギを見ました。その杉林は、すべての杉という杉がクマハギされ、クマの歯痕がビッシリとついていました。

仙台でもクマハギが見られます。被害を与えられたその日の朝かと思われる、真新しいクマハギがあった杉を見つけました。どんな味がするかと、歯痕の脇をナイフで削り、口に含んでみました。思ったより甘い。杉の香りが口の中に広がる。おいしくはありませんが、苦みの少ない漢方薬でも含んだ感じでした。

養魚場の被害も問題になっています。毎日クマが来るというので、その養魚場を訪れて場主の話を聞きました。初めは死んだ魚の捨て場に現れていたのが、だんだんと慣れてきて、プールの中にザブンと飛び込み、泳いでいる魚を獲るのだそうです。プールの中にはクマにツメか歯かで、傷つけられた魚がたくさん痛々しくも泳いでいました。

場主は「クマの取り分も含めて余計に飼っているので、今のところダメージはないが、いつも近くにいるかと思うと、そう安心してもいられない。けれど、クマを見るのも慣れてしまって、出てこない日はさみしい気がする」とも言っていました。私たちが訪れる直前にも姿を見せていたようでした。「早く森へ帰ってくれれば……」と語ったのが本音のようでした。

また、養鶏場の被害は、鶏が食べられるのはそれほどの被害ではないものの、ケージ(鶏の檻篭)が壊されるのが困るとのこと。やはり、被害にあった農家にはダメージがあるだろうな、と感じました。

果樹やクリの被害現場では、太い枝が折られ、クマダナができていました。クマダナとは、クマが樹上で枝を折り、実を食べた後に折れた枝がまとまって残ったものです。木にとってはそれほどのダメージではないのだと思いますが、かなり折られた木を眺めると、この木は、これからも枯れないでキチンと生きていくのだろうかと思ってしまいました。森を見ていると、クマによって枯れた木はないと感じています。

仙台市郊外で見たカボチャ被害は、カボチャを真っぷたつにして、タネの入った中央部だけを食べていました。つまり、人間が主に食べる、ゆでると甘い黄色の部分はあまり食べずに残していくのです。これだったら人とクマとが食べ分けができるのでは？　と、一瞬思いましたが、まさかクマがかじったカボチャを好んで食べる人もいないだろうし、もちろん売り物にはなりません。やっぱり被害として把握されてしまいます。

カボチャ被害。タネの入った中央部だけ食べていく。

私がその畑に立ってクルリと振り向くと、そこには三〇階建ての高層マンションや住宅街が広がっています。その畑近くの空き家の軒下がクマに壊されました。行ってみると、蜂の巣があったようで、巣の跡だけが残っていました。少し前からクマ出没で騒いでいたのですが、蜂の巣がなくなったら、出没もパッタリ止まりました。人が多く行き交う街にまで来ているのです。クマは、たいへんな危険を冒して命をつなごうとしています。

クマはペンキやコールタールのような揮発性のある臭いも好きなようで、各地で例があります。一九八八年、仙台市郊外で、立てて間もない遊歩道の道標が壊されていました。ひどいことをする人がいるものだと近寄ってみると、太い杭は斜めに傾き、木製の標識は砕けています。これは人の

クマの被害に遭う畑のすぐ近くまで、高層マンションや住宅地が接近している。

力にしてはおかしいと、より接近し、目を寄せてみました。残された標識には、多数の黒い毛が付着し、歯の跡もあり、杭にはツメ跡も刻まれていました。

「これはクマの仕業だ、しょうもないなあ」と、壊れ落ちた部分はどうしようもありませんでしたが、できるだけ斜めになった杭を直しました。その標識に「ツキノワグマやカモシカの生活地域」のプレートを掛けてきました。

しばらくして同じ場所に行ってみると、さらにひどくやられていて、掛けたプレートも落ちています。再度、また再度とプレートを掛け替えましたが、標識の破損はもう字もわからないほどになりました。被害は標識に止まらず、ほど近い場所に設置された木製のテーブルやベンチもやられていました。クマはかなり、タール

クマに破られた家の軒下。

の臭いが好きなようです。

人身被害となると、直接話を聞く機会はなかなかありません。バッタリとクマに遭い、格闘し、うまく難を逃れた登山者に、裸になった写真を見せてもらったことがあります。すごい傷で、痛みのほどがうかがい知れましたが、あの痛みが消えるまでは、クマが憎々しいことでしょう。

また、二〇年ほど前、駆除に参加し、クマに逆襲されて、顔の三分に一をとられ、今でも鼻のない人に話を聞きました。その人は、それでもワナを使った捕獲には反対していて、「あのときは、俺が悪かったのだ」と話していました。

「駆除」にまつわる問題点

これまで、いろいろな数多くの被害現場を見てきました。クマ被害に遭った方々の心中を察する

駆除後の解体作業。毛皮や肉が部位ごとに分けられていく。

と、経済的にも心情的にも大きなダメージを受けていることは明らかです。しかし、それへの対策として、クマの「駆除」と「除殺」のみに重点を置いたため、生息数は減少してきました。

駆除には大きな問題があります。

まず、クマの被害を責任を持って的確に判断する人がいないこと。稀に駆除が回避や延期になることもあるようですが、被害防除の指導もなく、被害は大きくても小さくても、一つの被害としか把握されないケースが多いのです。よって、被害対策として、当然のように駆除が選択されてしまいます。本来なら、ケースバイケースで、高度な判断を委ねられるべきなのです。

次に、駆除で捕殺したものが利用されること。つまり、時として、金に換えられることもあるということです。猟期に獲ったクマなら金に換えて

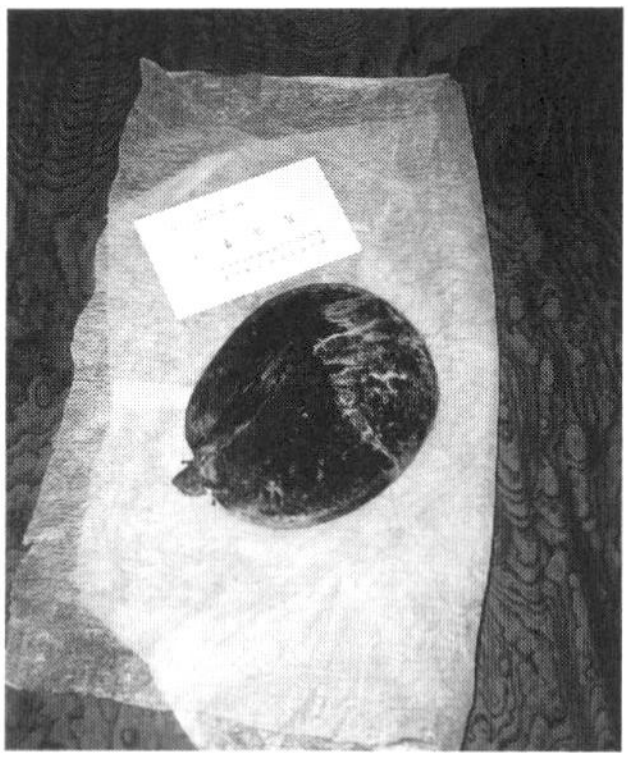

乾燥したクマノイ。これで65万円と言われた（大きさを名詞と比べてほしい）。

もいざしらず、駆除でも大きな収入を得られるとなれば、獲りたがるのが人の常。特にクマノイ（クマの胆嚢）は高値で取り引きされていますから、ちょっとした被害でも、すぐ「有害」として駆除に走り、クマノイを得ようとします。駆除が狩猟化しているのです。

また、雪国で行なわれている「予察駆除」は、春グマ猟の名残りで、将来、被害を出すであろうという想定のもと、間引きの意味で行なわれています。

駆除に出動するにもたいへんな費用がかかり、獲物とみるのは当然との声も聞かれます。しかしそれは、きちんと必要経費を支払えば済むことで、費用を駆除の対象物に求めるのは、どうみても間違っています。今後、議論を重ねて改善されるべき大きな課題です。

本当なら、駆除の許可を出す行政がしっかり管理して、獲ったクマの年齢構成や諸計測を行ない、クマの保護行政に役立てるのが筋です。そして、これはやってはいけないことですが、万が一、そのクマを金に換えたとしても、その後の被害防除対策費や被害の補塡に充て、今後、なるべく駆除をしないで済む方向に進むべきでしょう。このままのことを続ければ、絶滅は目に見えています。

クマ問題は社会問題

生息地である森の減少が、クマの人里への接近や、生息数減少の最大の原因であることは認識できます。「国際的な種の保存意識」が高まる中では、地域的な激減、劣化や絶滅は、小規模であれ、大きな問題です。

しかし、現状を鑑みると、ツキノワグマを含めた鳥獣保護行政の重要性に対し、多くの人々が認識不足で、関心も薄く、また、鳥獣行政や森林の保全と回復を行なう現状に様々な障害があり、共存策は前進していないのが現実です。加えて、「都市中心、都会発信の保護意識の高まり」や、動物の「愛護」「保護」「保護管理」の混同にも、大きな問題があることも事実です。

こうしてみると、クマの問題は人間の問題であり、社会問題と認識するべきなのです。それでも人間はおかまいなしにクマを排除する。しかし、ツキノワグマは「日本の動物層の重要な構成要素」です。オオカミの二の舞だけは避けなければなりません。

「クマを守る」ということ

「クマを守る」「クマを救う」とはどういうことでしょうか。

「ある一頭のクマの命を守る・助ける」ということと、もう一つ、「クマという種を絶滅の危機から守る・救う・助ける」という二つがあります。どちらも大切なことです。しかし、現実を考える

2004年秋の大出没では仔グマが目立った。何かしらの原因で親とはぐれたと言われる。この仔グマもそうなのだろうか？（酒井完二氏提供）

と、クマの被害は存在して、困っている人もたくさんいます。そのことについても、何かしらの対策を講じなければなりません。人とクマが、どう折り合いをつけていくかの模索も必要です。

日本列島に、人間は一億二千万人が住み、ツキノワグマは約一万二千頭。

地球的に見た生物種としての種の重みは、人間よりクマのほうが重いような気がします。しかし、「人間よりもクマのほうが大切だ」と言ってしまえば極論ととらえられ、進展しなくなってしまいます。日本列島で、人間が適正生息数を超えているのはわかっていても、やはり人間中心に考えざるを得ない社会の中で、クマの減少・絶滅をどう考えてゆくかにクマの将来はかかってきます。一頭一頭の生命は何ものにも代えがたい大切なものですが、被害の状況など考えると、今、「一頭たりとも殺すな」とは言えない状況があります。

しかし、これまでの狩猟・有害駆除を続けていけば、クマは激減するということは皆が知っています。ならば変えていかなければなりません。被害の防除対策、救済に力を注ぎ、捕獲や除殺のあり方を見直し、生け捕りして山へ返す方法の推進などなど、今までとは違った取組みをしなくてはなりません。課題は山積みです。そしてこれらは、多くの市民と行政とが一体となって行なわなければならないことです。

すぐにできる活動は何でしょうか。それは、当たり前すぎるかもしれないけれど、ツキノワグマに関心を持つようになることです。とりあえず、名前だけでも覚えてください。たくさんの人が関心を持つことこそ、減少や絶滅を回避していくのだと思います。

例えば、ある昆虫が絶滅しようとしています。誰も関心を持たなければ、人知れず滅ぶでしょう。滅んだことさえ知らずにいるかもしれません。でも、関心を持てば知りたくなります。

クマという動物のこと、生息の森、痕跡、食べ物、被害、捕獲状況、繁殖、そして滅びつつあること。ひとたび目が向けば、知りたいことは次から次へと広がります。こんな考えで私たちの活動も続いています。

生息地の踏査。足跡、ツメ跡、クマダナ、そしてフンを探します。痕跡を地図に記録し、フンは採集して調べます。痕跡の観察会やいろんな集会も行ないます。県庁や市役所、地元猟友会へ足を運び、対策をクマにとって良い方向へ進めてくれるようお願いすることも欠かせません。こうした輪を広げてゆくことが大切です。世の中の人々に実状を知らせる活動は、重要な「守る活動」だと思います。

行政にも大切な仕事があります。人材の育成や教育。国民の願いや訴えに反応できる資料の整備や能力の向上。ある種の生物が絶滅寸前までにならないと、動き出さないような行政では困ります。国民全体がツキノワグマの保護を、真剣に考えるときがもう来ているのです。

皆で共存策や将来のあるべき姿を考え、多くの問題解決の糸口を探って行きましょう。皆さんの知恵をお借しください。

ただし、いてほしいと思いながらも、もし、ある地域のクマが絶滅、消えてしまったとき、数の多い地域からその地域に移入させるという意見には反対です。そうなれば、いなくなったら、どこかから持ってくればいいじゃないかという考えが先に立って、絶滅ということを真剣に考えなくなるからです。種の絶滅を深刻に考え、反省する姿勢が大切です。このことは、クマに限らず、他の生物も同じです。

増えているのか減っているのか、何頭なのか、どれもこれも推定でしかありません。こんな状況では、窮地に追い込まれた場合、九州のように居るのか絶滅したのか、いつ居なくなったのか、それとも居るのか、全くわからない状態になりかねません。しかし、間違いなく言えることは、この日本にツキノワグマが〝増える〟要因は、全く見つけることができないということです。生息地の破壊、分断、森の減少、狩猟圧、駆除などなど。一体、増える要因とは……？　誰か探してください。

コラム

ツキノワグマのお食事シーン

ツキノワグマは一般に猛獣と呼ばれ、食肉目に属しながら、コンスタントに哺乳類を捕らえて食べることはありません。

どんなものを食べているかは、残されたフンからデータを得ることができます。採集されたフンの中から出てくる動物の毛は、死んだものを食べたケースが多いのです。多数の毛のかたまりが出てきて、調べてみると、ウサギのようでした。

ニホンジカの多い地方では、動きのにぶい子ジカを捕らえて食べるシーンも目撃されていますが、稀なケースのようです。一年を通して見れば、九〇％以上は植物を食べているベジタリアンな動物と言っても過言ではありません。春は木々の若芽、新芽、野イチゴなど、夏は昆虫、草本、クワ、タケノコ、ウワミズザクラ、畑のトウモロコシやリンゴ等、秋は畑のもの、昆虫のほかに、ドングリ（コナラ、ミズナラ）、ミズキ、クルミの実などです。

多くのクマのフンを採集し調べている中で、クルミの入ったフンには驚きました。あるフンをザルに入れて水で洗っていると、ジャラジャラという音がします。「しまった！　フンを拾うときに、土や砂利まで拾ってしまった」と思いながらも続けて洗っていると、な、なんと、かなりの数のクルミの破片ではありませんか。あのクルミを一度に数多く、こうもコナゴナに砕く歯とアゴの力は、いったいどのくらいの力なのか、考えるとその力はあなどれません。

　フンから変な昆虫の死体がたくさん出てきたこともありました。秋、森の地面で八〇～一〇〇匹ほどの毛虫のようなものが一斉に絡み合い、上になるともなく上になり、下になるともなく下になり、移動しているのか否かも、これが成虫なのか幼虫なのかもわかりません。

　そこで、仙台市太白山《たいはくさん》自然観察の森観察センターにお願いし、その虫を飼っていただいたところ、ケバエの幼虫

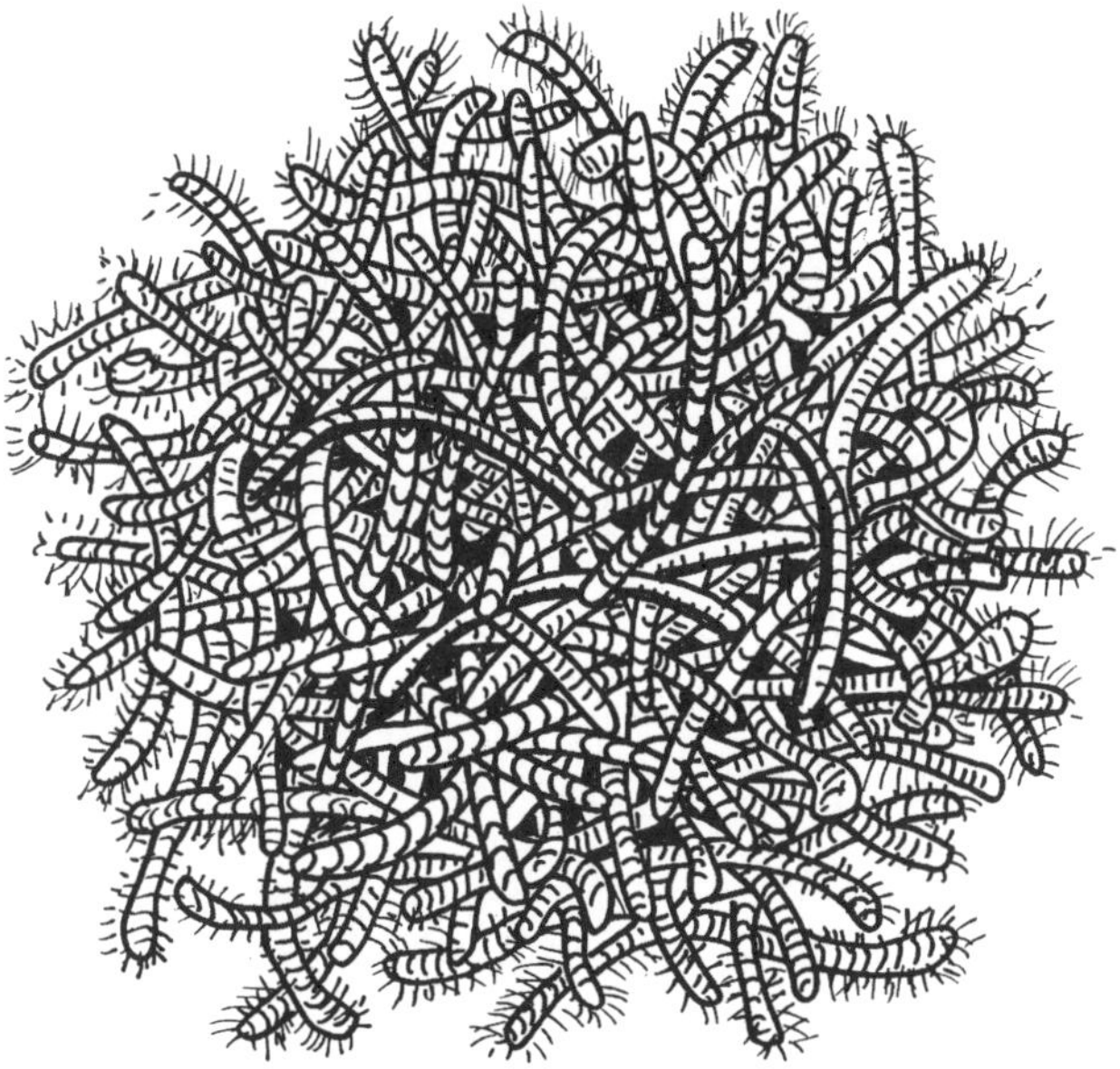

ケバエの幼虫は地表で群がりうごめいていた（実物大）。

フンから採集したトカゲ？　のシッポの骨？　実物大。

であることがわかったのですが、よくもこんな不気味な昆虫を食べるものだと野生の凄さを痛感しました。クマにとってはいいタンパク源でしょう。喜び勇んでペロンと食べた姿が思い浮かんできます。ツキノワグマのフンを見ていると、いろいろなことが想像されます。

　また、あるフンからは、私たちも断定はできないのですが、多分、トカゲかカナヘビのシッポの骨と思われるものが出てきました。フンを水で洗った後、乾燥させたものを調べていたら、はじめ、小さい歯車のようなものが出てきました。何だろうと思って、これは骨かもしれないと、続けて集めてみると、数個、十数個、二十数個と出てきました。なんとなく大きさも様々、ヘビだろうかとも思ってみましたが、違うようです。大きい順に並べてみました。

　いろいろ考えた結果、一番確かだと思われたのはトカゲかカナヘビのシッポ。しかし、山歩きをしていて、カナヘビはよく見つかるのに、シッポが切れているのを見ることは極めて少なく、捕らえてシッポをつまんでも、そう簡単に切れるものではありません。一方、トカゲはというと、近づいただけでシッポを切って走り去ってしまうのです。だから、結論としては、「トカゲ

クマとトカゲの遭遇シーン、想像図。

のシッポ」というのが有力と思われました。

………ツキノワグマが歩いている。トカゲを見つけたか見つけないかはわからないが、とにかくツキノワグマはトカゲに近づいた。危機を感じたトカゲは、シッポを切り離して勢い勇んで逃げた。そのカサカサした音に気がついたツキノワグマが目を向けると、そこには残されたシッポがピンピンと跳ねている。それをペロリ食べてしまった。……それとも……。

ツキノワグマはトカゲを見つけた。捕らえて食べようとすると、シッポをオトリに本体は逃げ去ってしまった。アッと思ったときにはもう遅い。残されたシッポだけを食べた。

このようなユーモラスな姿を想像してしまいます。

ツキノワグマは森で、一生懸命生きているんだなあ。

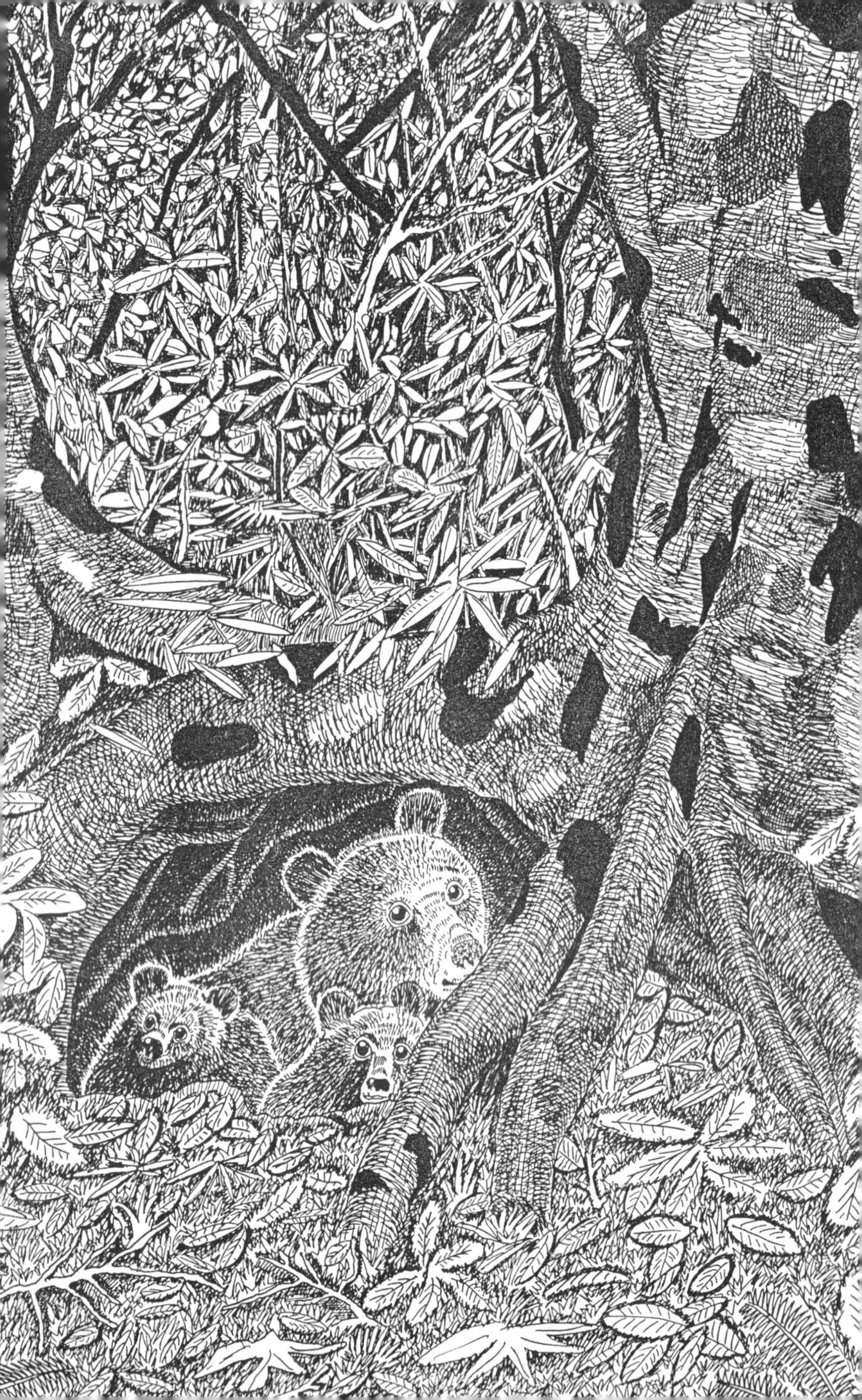

第2章

ツキノワグマと棲処《すみか》の森を守る会

ブナ林観察会が教えてくれた

話は二〇年前にさかのぼります。

一九八五年七月、日本自然保護協会が呼びかけて「全国一斉ブナ林観察会」が開催されることになりました。宮城県でも、宮城県自然観察指導員連絡会（代表菅原光男・当時）が、開催を予定していました。同連絡会員でもあったパンダクラブ宮城の酒井武氏からお誘いを受け、私も微力ながらお手伝いすることになりました。

観察会の場所は、栗駒山の世界谷地《せかいやち》湿原付近。五月一九日と六月二日、二回の下見を重ねました。キビタキの囀りとハルゼミの合唱が耳を楽しませ、若葉が目を緑に染めました。そして目当てのブナの樹はというと、「ブナの木ってどれ？　これだっけ？」「これのはずだよ」などという会話に象徴されるように、ブナの樹は当時、馴染みの少ない、どんな樹かすぐに頭に浮かんで来ない、今では考えられない時代でした。改めて樹肌を眺めると、色白で派手にならない紋様は、「森の貴婦人」とでも表現したくなる美しい樹でした。

このブナ林が林野行政のもと、全国的に伐採され、杉林になっているというのです。ブナ林に依存する野生動物を追いつめるのみならず、山あいで暮らしてきた人の生活まで脅かしているというのです。このまま伐採が続けば、日本の自然が大きく破壊されてしまいます……。

今日ふり返ってみると、ブナの危機でありながら、それが広く知られていないことに危機を感じ、

観察会で。ブナの樹肌は美しい。当時はまだブナの価値が世の中に認められていなかった。

まだまだ世間の関心が薄いながらも全国一斉の観察会を提唱した日本自然保護協会もエライと思います。ブナ林の下見に参加したのは、代表菅原氏に加えて、植物については博士級の篠崎淳氏、鳥がくわしい井上孝明氏、自然全般に明るい大越健嗣氏や佐藤和加さん、それに酒井氏、他二～三名ほどとご一緒だったでしょうか。下見の中でブナの林を肌で感じ、身近なものにしていきました。観察会での私の役目は、受付や写真撮り、そしてもし動物のことを尋ねられたらそれに応ずることでした。

当時私は（財）世界野生生物基金日本委員会（ＷＷＦＪ、現在のＷＷＦジャパン）に所属し、世界の動物の現状はある程度知っていました。日本の動物に関しては「知ってるつもり」と決めつけてしまっていました。観察会の対象はブナ林。当日までにある程度の勉強が必要と考え、日本の動物に関する本を多く読むことにしました。カモシカ、ツキノワグマ、ニホンザル、タヌキ、キツネ、テン、etc。観察会のためより自分のための勉強になりました。

六月九日の観察会当日、朝からドシャ降りの雨。しかし、テレビや新聞の取材もあったし、参加者も多く、子供からお年寄りまで四〇～五〇名はいたと記憶しています。

大雨の中ではまずは歩くだけ、大木のブナを時折見上げて誰かが短く説明するだけ。一応、予定のコースはこなしました。昼食は森の中ではとれず、観察会が終わってから移動して、駒ノ湯の食堂で。最後に東北大学学長を務めた故加藤陸奥雄氏の講演を聞いて、解散となりました。雨は一日中止みませんでした。

こんなこともあり、観察会を秋にも計画しました。次の観察会は一〇月二七日。勉強する機会が続きました。

そして一冊の本に出会ったのです。日本放送出版協会発行、渡辺弘之著の『ツキノワグマの話』（一九七四年）。主な内容は、国内の分布や生息数、捕獲数。痕跡や食べ物、越冬といった生態のこと。京都大学農学部芦生演習林で多い天然杉被害、それら森林被害を防ごうと研究が始まったこと。日本で初めて発信器を装着されて放たれたクマのバイオテレメトリー調査の様子など。この本は、ツキノワグマについて知るには、充実した、わかりやすい内容でした。

その中で、最も驚いたのは、「クマの保護と管理」の章に「九州では絶滅、四国でもわずか、中国山脈でもきわめて少ない」、あとがきには、『『クマが絶滅しつつある』ということを強く感じた」と記してあったことです。

「エッ？、今の日本の自然の中にも絶滅しそうな動物がいるのか。本当に？」

絶滅しそうなのはアフリカゾウやパンダだけではなかった

私はWWFJの会員でもあり、野生動物への関心も高かったつもりでした。これまでにも野生動物の保護を訴えて募金活動をしてきました。しかし、これらの募金活動の中で叫んできたことといえば、パンダを救え、アフリカゾウを救え、スマトラのトラやサイを救え、オランウータンを救え、などなど。日本の動物など入っていなかった。確かに、ニホンオオカミ、エゾオオカミが絶滅したことは知っていました。また、天然記念物となっているトキ、アマミノクロウサギ、タンチョウ、ニホンカワウソなどが、絶滅を危惧されながらも、国によって手厚く何らかの保護やその対策がなされているであろうことは、私のカラッポな頭にも入っていました。なのに……。

国内でツキノワグマが絶滅した地域がある。私は今まで何をやって来たのだろう。海外の動物ばかりに目を向けていた。足下のことを知らなかった。ショックでした。

なぜ、こんな大事なことが一般に知られていないのだろうか。なぜだ。募金仲間や観察会仲間にもツキノワグマの九州絶滅を知っているか尋ねたところ、知っていた人はいませんでした。

ちょうどその季節、新聞では里に降りて駆除されたクマの報道が多くなります。殺されたクマの

里に出れば駆除されるクマ。このままでよいのか……。

脇に立ち、満面な笑顔で写真に収まる駆除隊員。そんな報道が続きます。記事の中にも保護らしい言葉はなく、被害を及ぼしたのだから、駆除されたことが当然のように報道されます。これでいいのか。絶滅した地域があるにもかかわらず、東北地方のように問題視もされずに駆除され続ける地域もある。今いる地域でも、このままの状態が続けば九州の後を追うのではないか。

渡辺氏の本にも「私たちは滅び去った生物を復元することはできない、みんなの宝として、ツキノワグマを次の世代に残してやることは、現代の私たちの責任」と書かれていた……。

自分がどう動けばよいか迷いました。国内のどこかにはツキノワグマを絶滅から救うべく活動しているグループがあるのではと思い、そうであればそのグループの一員となり、活動にも経済的にも応援し、強い力になりたい。そう考え、本の著者である渡辺氏に手紙を書いたところ、「研究会のようなものはあるが、期待されるような団体はない」との返事でした。

どうすればいいのか。日本のクマの状態を多くの人が知らないままでいいのか。九州の絶滅を踏まえて、現在の狩猟や駆除のあり方について問題提起をするにはどうすればいいのか。専門家でもない私が、会を結成したところで、力になどなりはしない。でも待てよ、自分が受けたショックは、ほかの人にとってもショックではあるまいか。私のそのショックを、私が広めることはできないものか。ツキノワグマのことを一から一〇まで知りつくさないと、クマの保護は訴えられないのか。そんなことはない。今すぐにでもクマの現状を多くの人に知らせたい。勉強しながら、勉強したことを多くの人に知らせられるのではないか。とにかく会を結成し、勉強しながら活動を進める。それしかないと考えました。

どこまでできるか、その前にできるものかできないものか、不安と心配の波の中でも、やってみようと決意したのです。

ツキノワグマのミニスタディ

アクションを起こすからには、少しでも多くクマのことを知っておきたい、そんな思いから、なるべく多くの本や資料を読んで勉強しました。

世界中には七属のクマが分布しているようです。ヒグマ（ユーラシア・北アメリカ）、ホッキョクグマ（北極圏）、マレーグマ（マレーシア・インドネシア・スマトラ・ボルネオ）、メガネグマ（南アメリカ）、ナマケグマ（インド・セイロン）、アメリカクロクマ（北アメリカ）、そしてアジアクロ

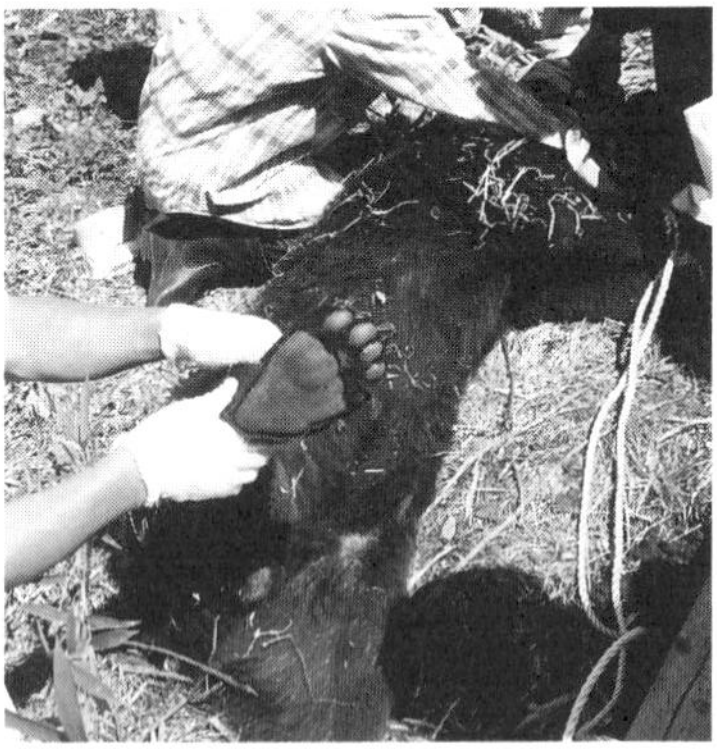
体重75kgのツキノワグマの足。意外と小さい。

クマ（別称ヒマラヤグマ・ツキノワグマ）です。名称の通り、アジア大陸の東部に広く分布し、ロシア極東南部、中国、台湾、海南島、インドシナ、ミャンマー、北インド、ネパール、パキスタン、アフガニスタンにまで分布します。

日本にはアジアクロクマの一亜種ニホンツキノワグマと、ヒグマの一亜種エゾヒグマの二種類のクマがいます。北海道にはエゾヒグマ、津軽海峡を挟んで、それより南にはニホンツキノワグマが完全に分かれて棲んでいます。この本では、ニホンツキノワグマを総じて〈ツキノワグマ〉あるいは〈クマ〉と呼称しています。

そのツキノワグマは、ヒグマと比べれば気性はやわらかく、世界的にみても小型のクマです。日本には本州と四国、九州に生息しますが、先にも述べたように、四国には非常に少なく、近未来の絶滅が危惧され、早急の保護対策が課題となっています。九州では残念ながら絶滅状態にあり、生息確認は突発的な発見に一縷の望みを託すのみです。

生息数は推定で一万〜一万二千頭と言われています。この数が多いか少ないかは読者の判断に委ねるところですが、本州でも孤立する個体群があり、北から、下北半島、丹沢山系、紀伊半島、東中国山地、西中国山地で生息の継続が心配されています。

主に生息しているのは東北地方の奥羽山脈や北上山地、北陸・中部地方の山地です。これらの地域の生息環境を保護し整えることが、将来この国で生き続けていけるかどうかを左右するでしょう。東北地方もツキノワグマの最後の砦にならんとしているのでした。決意を強くしました。

会名の苦悩 ――「守る会」ではまずいのか？

さて、会の結成に当たって、会名を付けなければなりませんでした。後発を期待し、ありふれた会名、例えば「ツキノワグマを守る会」などというのは避けようと思いました。本会の存在を知らない人が会を発足させたとき同名になる可能性もあるからです。わかりやすいながらも、独自性を持った会名にしたい。考えた末が、今の会名「ツキノワグマと棲処の森を守る会」。しかし、これが苦慮の始まりでもありました。

会名につく「すみか」と読ませる「棲処」の熟語は辞書にはありません。私が勝手に並べ、造った連漢字？ なのです。

わざわざこんな漢字を使ったのには訳があります。いつか多くの人が、この文字をふつうに「すみか」と読めるようになればいい。それほど会が有名になるまで頑張ってみようとの思いがありました。そして、この連漢字が普及し、他の人も「すみか」の漢字を書くとき、ふつうに、この連漢字を書くほどに定着させることができればと、自分に発破をかける意味も込めました。だから、よく「何とお読みしますか」「どこかの地名かと思いました」と言われました。もちろん今でも言われますから、頑張りはまだまだということでしょうか。

会名は活動の最終目標であり、現在進行形ではありません。ツキノワグマとその生息地を百年後二百年後にまで残していきたいという願望が入っています。しかしこれまで、会名を変更しようと何度となく思ったかわかりません。被害農家と会ったり、狩猟する人と話をするとき、「守る会」と名乗っては、まず最初に違和感を持たれるからです。

他にも都合のよくないことがありました。一九九三年、大学の先生に協力して、仙台市の広瀬川流域のツキノワグマの生息調査をしたときは、「〝守る会〟ではどうも」ということで、「宮城ツキノワグマ研究会」を立ち上げ、調査に参加しました。

宮城ツキノワグマ研究会の存在は、後々プラスになりました。広瀬川流域を日本野鳥の会の赤間徹氏や東北大学の内藤俊彦先生と、くまなく歩き、仙台のクマを、より深く知ることになりました。

その後、クマに関心を寄せて活動に来てくれる人でも、「研究会には入会するけど、守る会には入らない」と何人かに言われました。ある催しを協力して行なう中で、「協力団体名は、『ツキノワグマと棲処の森を守る会』ではなく、『宮城ツキノワグマ研究会』を使ってください」とも言われました。「守る会」では世の中にそんなに違和感があるのだろうかとも思いました。

「ツキノワグマと棲処の森を守る会」のステッカー。

真剣に新しい会名も考えました。「ツキノワグマの被害と共生を考える会」「ツキノワグマとの共生を目指す会」「ツキノワグマを絶滅から救う会」など。会名を変えてしまえば確かに肩の荷は軽くなります。でも、「守る会」と名乗ることを中止したとき、肩の荷が軽くなる以外、メリットはあるだろうか？　日本で初めての「クマを守る会」であり、その名を返上すれば、初心まで返上することになります。また、守る会が嫌われる中で、現存の守る会がなくなってしまったことが広まれば、新しく守る会を名乗るグループの発生を抑制することにはなるまいか。

もし、後になって思い直したとき、名前の復帰もなかなか難しくなります。会名の改名は前向きに「断念する」を選びました。

二〇〇五年今現在、知る限りでは国内では唯一「守る会」と名乗っている会です。もし、あったならば、ぜひ交流したいと思います。

発足当初、当時刊行されていた平凡社の月刊『アニマ』（一九八六年二月号）に会員募集の案内を載せていただき、少なからず同調者を探しました。年会費は五〇〇円。周りの人には「安過ぎる」と言われましたが、「どうなるかわからないボランティアなんだから、活動への期待も五〇〇円分程度にしてください」という意味も含んでいました。ちなみに現在は一〇〇〇円です。来る者は拒まず去る者は追わずをモットーに、どんな意見や心情、立場の人も歓迎し、活動内容が意にそぐわなくなり、会から離れたい人は笑顔で送ります。

看板の設置

会の活動として、まず初めに目指したことがあります。一年以内にツキノワグマの痕跡の観察会を開催することと、ツキノワグマの危機を訴える看板の設置をすることです。そして、徐々に屋内活動として講演会を開催し、ツキノワグマへの関心を高めることを目標にしました。とにかく会を発足させたことにより、個人で動いても団体ということになり、責任も課せられました。冬の間にも、あちこちに車を走らせ、観察会ができそうな場所を探したり、看板設置の準備をしました。設置できそうな場所を探し、現存する各種看板を見本として見て歩きました。

看板設置の目星をつけたのは数カ所。設置の交渉は看板が完成してからと考え、春から看板作りに入りました。お金がないので自分で作りました。手ごろな古看板を、ガラクタ屋から一基三〇〇円で三基買って、ペンキで書きました。書く言葉にも迷いましたが、設置の許可が下りやすい言葉、「ツキノワグマが日本各地で年々減少しています」と大きく書き、やや小さめに「九州では絶滅しました――豊かな自然をいつまでも残そう」それに加えて、ツキノワグマのイラストと会名を入れました。

看板は人に見てもらうのが目的ですから、ひっそりとした場所ではいけません。まず考えたのは、ブナ林観察会を行なった栗駒山山麓世界谷地湿原入口駐車場。ここは登山口の一つでもあり、人も集まります。

一九八六年五月九日、設置許可を得るために、まず周辺の土地のことを尋ねようと、一番近くのお宅に行ってみると、そのあたりはその人の土地だと言います。クマの現状など訳をお話しすると、快く看板の設置を許してくれました。五月二二日、完成した看板を持って行き、いくばくかの謝礼を受け取っていただき、第一号基を設置しました。クマの保護を訴える看板としては、日本初ではなかろうか。感無量。記念写真も撮りました。

第二基目の看板は仙台市郊外、名取郡《なとりぐん》秋保町《あきうまち》の二口《ふたくち》渓谷あたりを目標にしました（現在は仙台市に合併され、仙台市太白区秋保町になっています）。四月二三日に秋保町役場を訪問し、訳をお話しし、設置許可を請いました。五月一五日にようやく町長名で許可が出され、六月一一日、二口渓谷の二口峡谷自然遊歩道入口駐車場に設置しました。

このときは、まさかこの二基を早々に撤去することになろうとは知る由もありませんでした。

看板設置の内容を中心として、六月下旬に、活動開始の報告をする『ツキノワグマの代弁』と名づけた通信第一号を発行しました。あくまでも主役はツキノワグマであり、クマの立場に立ち、クマの不利益を訴える代弁者になることに徹することを考え、会名とのバランスをとる形にしたので

手作り看板。栗駒山山麓と二口渓谷に設置したもの（上）と伊藤さん宅に設置したもの（下）。

ツキノワグマと棲処の森を守る会通信

ツキノワグマの代弁

NO.1

◦立看板設置

5月22日、宮城県栗原郡栗駒町の栗駒山中腹部の湿原「世界谷地」の入口に写真のような看板を設置。ここは栗駒山頂へも通じる遊歩道があり、一般のハイキング客や登山者も多いところです。

6月11日には同県名取郡秋保《あきう》町、蔵王国定公園内二口《ふたくち》峡谷にも同じ看板を設置しました。

看板の文章を《ツキノワグマを守ろう》とか《ツキノワグマを救え》としたかったのですが東北地方ではまだ害も多く山地の農家にとってはニックキ敵である。そこで、とにかく「ツキノワグマが減っているのだ」という事を知ってもらおうとこの様な言葉にしました。

ツキノワグマ保護を訴える立看板の設置する所を探しています。イイ場所があったら、お知らせ下さい。設置願いや交渉などはすべてこちらで行います
御協力よろしくお願いいたします。

栗駒山「世界谷地」

会の通信『ツキノワグマの代弁』第1号の表紙。

す。

第三基目は八月に設置。同じ秋保町に住む、職場の同僚である伊藤武さんの家の畑に設置させてもらいました。仙台から秋保に向かう県道沿いで、より多くの人の目に触れやすい場所。伊藤さんは自然や野生動物などに関心があり、私が看板を設置しているのを知って、伊藤さんのほうから「家にもどうぞ」と言ってくださったのです。ここの看板には「ツキノワグマを救え」と大きく書きました。

まずは一つの目的を達しました。

「クマの痕跡」観察会

次は観察会。素人の私にはツキノワグマそのものの観察会は無理なことを自覚し、せめて痕跡を見つけようと、痕跡の観察会を目指しました。地図を見て、あちこちの林道を走っては、ツキノワグマが来そうな森へ入り、痕跡を探しました。痕跡を発見する前から「ここなら行けるかも」と絞り込んだ場所に何度も通いました。

人々を案内したくなるどんないい森があったとしても、クマの痕跡がなければ観察会はできません。また、観察会の参加者は一般公募を前提としたので、老若男女どんな人が参加するかわかりません。どんな人が来ても、安全に、無理なく参加できる場所であることを条件としました。

日本初の「クマの痕跡を観る」観察会（1986年11月9日）。

一〇月下旬、ついに、ある森でツキノワグマのフン、ツメ跡、クマダナを発見。一一月九日の日曜日に観察会を決行することにしました。開催すれば、日本で初めての「クマの痕跡を観る」観察会となります。もしかしたら世界初かも……などと思ったり。世界初だったか否かは、今もって定かではありませんが。

その場所は、宮城郡宮城町作並《さくなみ》温泉から少し山形県側の熊沢林道に入った、ドングリやクリを主とした雑木林です（ここも現在は、仙台市に合併され、仙台市青葉区作並に変わっています）。

ブナ林観察会の経験を活かして準備に入ります。観察会名は「ツキノワグマのフィールド観察会」。ツキノワグマの大きさや痕跡の説明を記したパンフレットを作ります。新聞には観察会の案内と連絡先の掲載をお願いしました。参加者には事前の集合場所だけを伝えました。その森からは温泉街の高層ホテルも見えるため、出没や駆除などで騒がれるのではないかとの心配から、あらかじめ観察会を行なう場所は公にできませんでした。

参加者には満足してもらおうと、その後も下見を何度か重ねました。残る心配は、その日の天候。こればかりは努力のしようがないので、天に祈るしかありません。本会が初めて行なう観察会なので、余計な心配をしてしまいます。大風でクマダナが全部落ちてしまったら……、などと考えると、当日まで不安が続きました。結果、天候にも恵まれ、多くの参加者を得ることができました。

山歩きをする人でも、クマの痕跡を体験した人は少なく、案内を始めてまずフンが目に入ります。全く臭いはありません。棒で突っついてみる人、遠ざかる人。対応は様々でした。次にコナラの木の幹に残るツメ跡。「ホー」という声。《いわゆる猛獣》であるツキノワグマが実際にここにいたのだという臨場感を感じている模様です。私が初めてツメ跡に接した時がそうであったように。心の中でシメシメと思いました。そして、その木の上に目を向けるように促すと、「オー」というどよめき。樹上の大きな大きなクマダナが目に映ります。「あー、観察会をやってよかった」と思った瞬間でした。

フン、ツメ跡、クマダナ、私はこの三つを「痕跡三点セット」と呼んでいます。足跡は森の中ではなかなか見つけにくく、その時々の運に任せています。この時からずっとツキノワグマのフィールド観察会は続いていますが、三点セットは必ず観ています。

クマダナを見て、

「今そこにクマがいるんですか」

と問う人。

「いや、クマダナはドングリを食べるために枝を折って、それが溜った跡ですから、今はいないんです」

専門家でもない私が答えます。

痕跡3点セット。上から、クマダナ、ツメ跡、フン。

そこからは各々が歩き出し、フンでもクマダナでも新しいの古いの大きいの小さいの、いろいろな種類があることを知ることができます。

この観察会の一番の目的は、ツキノワグマを身近に感じること。クマというものを漠然としてでもいいから知ること、クマのイメージを変えること。加えてお話しすることは、クマが棲む森に入るときのマナーやクマとの過剰接近の防ぎ方などです。新聞紙上には「クマに襲われケガ」と、ことあるごとに載るから、いつもクマは人を襲っている印象を受けてしまいます。記事が続くと、クマは人が来るのを手ぐすねを曳いて待っているようにさえ思えます。しかし実際は、人とクマが接

クマダナづくり想像図。画：田中豊美。

高い高いクマダナ。小さいが高い。

近しつつある場合、圧倒的にクマのほうが先に察知し、その場を避けています。そんなことも、クマの生息地というより生活の場に入ることにより、知ってほしかったのです。

初めて催した観察会は、痕跡を観てしまうとそれ以上、場が守てなくなり、早々と終了しました。そのため、参加者と深い会話ができなかったことなどが、反省点として残りました。成功感はありましたが、充実感は二回目へ持ち越すことになりました。

しかし、観察会を開催した喜びは大きいものでした。日本初のクマの痕跡観察会が開催されたことは、会の通信を通して月刊『アニマ』（一九八七年二月号）にも載りました。今もって抗議がないことを踏まえれば、〝日本初〟であったことは間違いないようです。

以後、場所は変わっても、毎年秋に開催し、クマのフンがたくさん落ちている森の中で昼食を食べ、ゆっくり森歩きを楽しみ、たくさんクマ談議をする観察会になっています。

それから一三年後の一九九九年、北海道の登別《のぼりべつ》でも、ヒグマの生息地を実体験する観察会が「ヒグマ対策マニュアル体験ツアー」と称して開催されたようです。これは、ただ痕跡を観察するだけでなく、もっと踏み込んだ文字通りの体験ツアーです。のぼりべつクマ牧場ヒグマ博物館・学芸員の前田菜穂子さんを講師に、ヒグマと出逢ったことを想定しての防御方法や対処方法を教えた後に、参加者には内緒で、スタッフの一人があらかじめ森の中に潜み、クマになりすまして藪をザワザワさせ参加者に近づき、それぞれが教えられた対処ができるものか試したり、ヒグマとの距離感や万が一に襲われたときの撃退方法なども体験できる催しです。また、山に入るときの装備や心の準備が生死の明暗を決めること、不用心に捨てたゴミが被害を拡大させることなども教えられます。いつか時間が合えば参加してみたいと考えていますが、〝合格点〟をもらえるかは不安がいっぱいです。

看板の撤去

栗駒と二口渓谷に設置した看板は、縦六〇㎝、横一mほどで、大きいものではありませんでした。でも、伊藤さん宅に設置した看板は県道沿いでもあり車の通行も激しく、「ツキノワグマを救え」という文章がインパクトがあって、珍しいので目に留まったのか、秋田市に本社のある釣り雑誌『釣り東北』（一九八七年春号）に載ったり、宮城県内最大手の新聞『河北新報』一九八七年二月一九日付夕刊に大きく取り上げられたりしました（左ページ参照）。三月三日には、その写真記事を見た読者からの、共感するという投書も掲載されました。

そして、写真記事から一カ月ほどたった三月二三日、宮城県庁環境保全課から電話が入りました。看板について話が聞きたいというのです。二七日に県庁を訪問、当時は現在の新庁舎を建てるための仮庁舎にありました。

すると、環境保全課の担当者から

河北新報

捕殺やめて

宮城県秋保町境野の県道わきに、こんな看板があった。仙台市内の自然保護団体の若者たちが立てたものだ。

毎年、人間の手によって捕殺されるツキノワグマの数は約二千頭といわれる。既に九州では絶滅、四国地方でも十数頭いるだけとか。このままでは東北地方からさえクマの姿が消えてしまうという。ツキノワグマは自然保護のバロメーター。クマもあなたの助けを待っています。

サイドミラー

昭和62年(1987年)2月19日 (木曜日)

看板設置が新聞記事で取り上げられた。

「クマは守る動物じゃない。あんな看板を建てられては困る」

というニュアンスのことを言われました。聞いている感じでは、ある狩猟に関わる団体か、あるいは個人からか、抗議があったらしいのです。

「何基立てたのか」。

ウソでも言えばよかったのですが、まだ若かったので、正直に「三基立てた」と答えてしまいました。

「どこに立てたのか」

それも正直に場所を教えてしまいました。担当者は「ウーン」と考えた末、「全部撤去してもらうしかない」と言うのです。

「なぜ?」と聞くと、栗駒に立てた場所は「栗駒国定公園」の中に入っていること、二口は「県の自然環境保全地域に指定されていること、そして伊藤さん宅のは「県道沿い」であること。

しかし、ただ「ハイ」と聞く訳にはいきません。栗駒の看板は地主の許可を得ているし、二口の看板は秋保町の町長の許可をもらっている。それに、伊藤さん宅の看板は県道沿いではあれ、県道の敷地から二〜三m奥に入った個人の畑の中に立てている。すべて問題はないと答えました。新聞に掲載された県道沿いの、伊藤さん宅の畑に立てた看板は問題ないことがわかり、シブシブ容認せざるを得なかったようですが、他の二基はあくまでも撤去を迫られました。

国定公園とは自動販売機は設置できて、自然の危機を訴える看板は立ててはいけないところなのか？

栗駒の看板は、その看板から一〇mと離れていないところに、地主のその人が山野草の簡易店舗を構え、清涼飲料の自動販売機まで設置してあります。その地主が許可しているのです。国定公園とは、自動販売機は設置できて、自然の危機を訴える看板は立ててはいけないところなのか。

もう一基については、秋保町の行政を司どる町長が設置を許可した看板を撤去を迫られる筋合いはない、と、さらに応戦。しかし県の担当者は、それらのことには触れず、頑固に、国定公園と宮城県環境保全地域であることの一点張り。バックに立つ団体（組織）の力が見え隠れして、いくら話をしても埒は明きませんでした。そして最後に、「早々に撤去しなければ、いずれ県知事名で、正式な撤去命令を出さざるを得ない」と言います。そうなると考えてしまいました。

ツキノワグマの保護は今後、県という行政の力も大きく必要となります。今、何が何でも決裂する大きなメリット

失敗を教訓に、今では大きな看板ではなく30㎝四方のプレートを設置している。

はあるのか。本会の存在は知らしめることができた。それより何より、栗駒の地主さんに迷惑をかけはしないか。自動販売機のことで、県に注意を受けるのではないか。また、活動に理解を示し、事務手続きをしてくれた秋保町役場担当者が、県にお叱りを受けるのではないか。こんなことが頭の中で錯綜しました。結局、二基は撤去することに決めました。納得がいかないものの自分に言い聞かせ、その担当者と数分の雑談をして仮庁舎をあとにしました。

雪も消えかかった五月三日、栗駒の看板を設置した場所に行き、訳を話して撤去しました。しかし、地主さんは、雪のために倒れた看板を直しておいてくれたのです。ありがたかった。この看板を撤去するとき、何とも言えない悔しさが心の中を通り抜けました。

ツキノワグマの保護は、まだまだ理解される段階にはない。この風潮を私の力で修正できるのだろうか。これからの活動の進路を妨げる壁の大きさを思う反面、できるだけのことはやろうと心の中でつぶやきました。

続いて二口渓谷の看板も撤去。苦労して設置した看板は一年に満たない命となりました。伊藤さんの畑の看板だけが残りました。一度リニューアルして掛け替え、数年に渡って設置していましたが、その後台風で飛ばされ、行方不明になりました。今はありません。

大きな看板の設置は難しいことを教訓に、その後は三〇cm四方のプレートを掛ける活動に切り替えていきました。今、宮城県内だけでも三〇カ所、東北全体でも五〇カ所ほどにプレートを掛けています。

全国の知事宛て要望書の送付と成果

二基の看板を撤去した一九八七年春、本州、四国、九州の全都府県知事宛に『ツキノワグマの捕獲禁止と保護、及び、自然林保全に関する要望書』を送りました。秋田、新潟、福井、和歌山を除いた都府県から回答をいただくことができました。茨城、千葉、愛知、大阪、岡山、香川、愛媛、九州全県が「生息しない」と、回答(ただし、岡山では通過はあり)。激減のため、昭和六一(一九八六)年度の猟期から一〇年間の捕獲を禁止した高知、捕獲禁止を表明した徳島を除いては、「特に保護する考えはない」「保護区の設定も考えていない」「狩猟禁止もない」というものでした。加えて、「調査はする」「現在の方針は見直さない」「適切な猟政を維持する」「絶滅することはない」「減少が確認されたとき考える」「絶滅の心配はしていない」などが添えてありました。保護していける自信については「ある」または「わからない」というもので、どの都府県も積極的に保護する姿勢は見られませんでした。

一九八七年一一月一日、二回目のツキノワグマのフィールド観察会に、当時朝日新聞の記者をされていた小船井秀一氏が参加されました。こうした各県の回答に興味を持ち、取材に訪れてくれたのです。小船井記者は以前にも、活動の内容や、本会の最初のグッズである「ツキノワ」を胸にかたどった「ツキノワTシャツ」を記事として書いてくれました。また、宮城版に半年ほど前から「森と海の仲間たち」という各々の鳥や草花、昆虫を題材にした小編を、イラスト付きで毎週一回連載していて、「今度、哺乳類に着手したい。イラストは板垣さんにお願いしたい」とのお話をいただき、一一月二〇日（金）から開始することになっていました。

タヌキ、キツネ、サル、カモシカなど、もちろんツキノワグマも含めて、翌年三月二九日（金）まで、一回の休刊日を除いて一四週間続き、その間毎週、私の部屋を訪れるようになりました。イラストを描きながら、各県の回答をまとめていたこともあり、興味を示されたのです。

小船井記者は回答を持ち帰り、読破し、取材を重ねられました。そして、一九八八年二月二三日付（首都圏は二二日付夕刊）に「ツキノワグマに冷たい自治体」として、要望書の内容と回答の要約が載りました。本会の活動が全国に知られることとなったのです。

それほど大きな面積の記事ではなかったのですが、その記事を受けて、うれしいことに、園山俊二氏が、四コマ漫画『ペエスケ』の二月二五日付（同二四日付夕刊）の話題にしてくれたのです。この『ペエスケ』に載ったことは大いに感激しました。思いがけない多くの人がツキノワグマに関心を抱いていることを知りました。いつかお目にかかる日があれば、直接お礼を言いたいと思っていましたが、一九九三年一月、園山氏は帰らぬ人となりました。クマの現状についてもっと深く勉強したいとおっしゃられていたので、本当に残念でなりませんでした。

クマ駆除権限の委譲阻止

時を同じくして、一九八八年一月二〇日（水）付朝日新聞宮城版に、目を疑う記事が載りました。それは、前日の一月一九日に、宮城県の県町村会がクマの駆除許可権を県知事から市町村長に委譲するよう、当時の山本壮一郎知事に要望したとの記事でした。これが受理されたら、たいへんなことになると思いました。宮城県内ではツキノワグマの駆除を許可するのは県知事一名、それが七十余名（当時の市町村数による）に増えることになるのです。全国的に減少が懸念されるツキノワグマの駆除が、ますます簡単に行なわれてしまう。絶対に阻止しなければ。

決断は早く、山本知事に手紙を書きました。そして一月二九日（金）、県の環境保全課鳥獣保護係長から職場に電話が入りました。が、私は不在で話はできませんでした。用向きの内容は予想がついたので、あえて折り返し電話はしませんでした。投書もしました。友人にも投書をお願いしました。しかしこれだけではダメだ。もっと多くの人の意見を上げなければ。

そこで、「四〇円でツキノワグマが救える」と銘打って、多くの人にハガキを書いて県知事宛に出してもらう「ハガキ作戦」を展開しました。ちなみに四〇円は当時のハガキ料金です。「このままではツキノワグマがいなくなる。町村会の要望を受理しないようお願いします」との内容で、多くの多くの人にハガキを書いてもらいました。

二月一日（月）、再び鳥獣保護係長から電話が入りました。県もあせっている、あと一押しだ。

二月五日（金）、鳥獣保護係を訪問。

1頭でも多くのクマを救いたいという心が行政を動かす。

ハガキもドッサリ届いていました。今回のことについて、いろいろと話を交換しました。県町村会の要望は要望として受け取ったが、現在のところクマの駆除権限委譲は難しい方向に傾いていることを示唆してくれました。

県町村会はこのまま引き下がるだろうかと心配していた矢先の二月二〇日（土）に、ダメ押しで友人の投書が朝日新聞宮城版に載りました。「西日本の多くの県で絶滅していること。東北でも減少がみられること。そんなクマを、単なる市町村長の権限で殺すべきではないこと。現状を鑑みれば逆に、駆除権限は環境庁長官に返上するべきで、時代に逆行していること。乱獲への道は避けてほしいこと」などが書かれており、効果は大きいと感じました。結果、要望は受理されず、クマの駆除許可権の委譲は、本会の頑張りによってか、そうでないのか定かではありませんが、とにかく阻止されたのです。

「クマを守る」ということは、一頭のクマを銃口から守ることもあるでしょう、しかし、専門家集団でない私たちができることは限られています。今回のようなことも一つの「守る」活動であることを納得し、初めて目に見えた成果を素直に喜びました。

二〇〇五年現在も、宮城県でのクマ駆除権限は知事が持っています。

「ツキノワグマを知る集い」と「ヒグマの会総会」への参加

発足当初の目標でもあった室内イベントの開催は、一九八八年、突如やってきました。一九八七年七月三一日放送のNHK特集「追跡ツキノワグマ」。これは現在、特定非営利活動法人日本ツキノワグマ研究所の所長である米田一彦氏が、当時秋田クマ研究会として、また、日本野生生物研究センター専門調査員として、秋田県の太平山《たいへいざん》での追跡調査の様子や駆除されるクマの現状を放送したものでした。その収録をしたスタッフの一人であった小野泰洋氏が、今、NHK仙台放送局にいるというのです。

「これは！」と思いました。放送の取材記や裏話を聞けないものか。私自身聞きたい話だったし、その話を大勢の前でしていただけないものか。コンタクトをとり、お願いしたところ、快く引き受けてくださいました。

イベント名はわかりやすく「ツキノワグマを〝知る〟集い」。一九八八年五月二九日（日）、第一回目となる室内のイベントを開催し、これまで一二回を重ねています。この集いは、「ツキノワグマの保護」ということにはこだわらず、現状や全容をお話ししていただくことが目的で、とにかく知ること。講演者は、飼育、狩猟、調査や取材に関わった人々など多彩な顔ぶれになりました（講演者の詳細は、一七九～一八一ページの「これまでの活動ピックアップ」を参照されたい）。また、こうした催しはツキノワグマの保護意識の普及において重要な活動と位置づけて続けてきました。

第4回の「ツキノワグマを“知る”集い」。講演者は米田一彦氏。

もう一つ、重要なイベントが始まりました。岩手県ツキノワグマ研究会の藤村正樹氏から、一九九二年一一月六日～七日に北海道の日高町で開催される「ヒグマの会総会」への参加を促され、ご一緒したのです。私もヒグマの会の会員でしたが、それまでは総会には参加するまでに至りませんでした。ヒグマの会は、北海道大学のヒグマ研究グループの現メンバーや出身者を中心としながらも、行政や狩猟関係者、在野研究者や写真家、被害農家など、全道のヒグマに関わる人々で結成されています。毎年一回の総会があり、対立感情の垣根を越えて、よりよい人とクマとの関係を話し合う場所であり、北海道各地で開催されて、その年は一二回目となる総会でした。私も二〇分ほどのスピーチを任されて、これまでの活動の報告や本州の現状などをお話ししました。

メインの総会が終わっても、対話は深夜までにも延々と続きました。保護や研究と、狩猟や被害、相対する人同士が、個人個人、あるいは小さな輪となり、別の輪からまた別の輪に移り、ヒグマをどうしていくのか、皆が真剣に話し合う姿は、これまで経験したどの集会とも違います。このことに衝撃を受け、意見交換はこうあるべきと考えながら、二日間に渡る総会を終えました。帰路、藤村氏と「こんな集会を本州でも開催したい」と、話をしながら北海道をあとにしたのを思い出します。

本音で話し合うイベントをめざして

このような集会の開催を駆り立てた理由がもう一つあります。

一九九一年七月一二日～一五日、クマの研究者や行政、猟友会などが会したコロキウム「日本のクマ'91」が箱根で開催され、保護、法律、管理、被害対策、その他について討議されました。民間の自然保護団体であったために、その会議への参加を認められなかった日本自然保護協会と世界自然保護基金日本委員会（現在のＷＷＦジャパン）が、同年同月二〇日に、東京において「ツキノワグマ・フォーラム」を開催しました。こちらには私もパネラーとして参加し、コロキウムと同じように様々な議題を討議しました。参加者も多くあり、声明文も出し、フォーラムは成功しました。

しかし、何かシックリしないものが頭の中に残りました。排除と対抗という意識が背景にある中

誰でも参加でき、クマについて本音で真剣に話し合える場を持つことはとても大切。

で、同じ年の同じ月、一週間と違わない日程で、国内で二つの大きな集まりが行なわれたことは、クマの将来にとっても、どう見ても良くないのではないか。誰も拒まず、誰もが躊躇も気兼ねもなく参加し発言できる集会であればこそ、意味があるのではないか。そんな集会を設けることはできないものかと考えていた折りも折り、一九九二年のヒグマの会総会に出会ったのです。

その後、焦らずも計画を暖めていきました。

一九九三年、宮城ツキノワグマ研究会発会の準備も進む中で、宮城県鳴子町《なるこちょう》にある東北大学農学部川渡《かわたび》農場（旧演習林）に勤務する西脇亜也氏より、「いい会場があるので農場の施設で行ないませんか」と誘われました。西脇氏には一九九〇年、日本科学者会議総合学術研究会が仙台の東北大学で開催され、本会の活動報告をしたときにもお世話になっていました。
すぐに伺ってみると、そこにはツキノワグマも生息していて、農場では被害も発生している、森に囲まれた施設でした。大きな会議室に各種機材を備え、周りには宿泊棟が並び、ヒグマの会総会のような集会を行なうには恰好の場所でした。このことをすぐに藤村氏に報告して、ここでの開催と半年ほどの準備期間を設けて日時を決めました。

八月二一～二二日（土・日）第一回目の「日本ツキノワグマ集会」が、岩手県ツキノワグマ研究会との共催で、宮城県で開催することとなりました。ヒグマの会総会から一年をおかずに、開催に行き着いたことに喜びを感じました。少しでもツキノワグマを取り巻く状況が良くなってほしいと望む調査研究に携わる方々をはじめ、講演者も参加者も全国に及び、当時の大日本猟友会会長の小熊實氏と宮城県猟友会事務局長の早坂源之進氏にもご参加いただきました。テレビ局、新聞社も駆けつけ、成功のうちに終えることができました。

当初、この集会は全国を転々と開催する計画でいましたが、その後、西日本の各地でも、これに似た集会が開催され始めたこともあり、私たちは東北地方の開催に絞ることにしました。第四回目からは名称を「クマを語る集い」と変えて、これまで毎年、福島県を除く、宮城県（鳴子町・蔵王《ざおう》町《まち》・仙台市・村田町）、岩手県（遠野市、盛岡市）、山形県（山形市）、秋田県（阿仁町《あにまち》）、青森県（むつ市）の各地で開催されています。二〇〇四年に一一回目を終え、二〇〇五年には一二回目を迎えます。

行政も狩猟関係者も保護団体も被害農家も、本音で話し合う、こうした集会が全国で開催され続けていくことを祈って止みません。

コラム

クマハギシーンを想像する

なぜ、クマハギは起きるのでしょう。本当のところはわかっていません。なぜ、針葉樹の皮をかじるのか。木の根下に削った残留物はなかったから、体内に含んでいるのは間違いないでしょう。しかし、推測でしかありませんが、彼らにとって、これが「お腹を満たす食糧」という存在ではないと思いました。

あの剝ぎ方、数百単位の歯痕を刻み、実際に呑み込んでいる。しかし、被害を与えている実際の現場を見た人に出会ったことがありません。どんな格好でするのかわからないのです。ならば、推測で再現するしかありません。痕跡から考察するイラストは、クマハギシーンを知る有効な手段かもしれません。

私が見た再現シーンは五つあります。一つは、木村しゅうじ氏によるイラスト（『動物大百科1食肉類、クマ他』一九八六年、平凡社）で、お尻を地面に下ろし、樹木に対し歯を剝いています。これは剝いた表皮下をかじっている場面。あとの四つは、表皮を剝いている場面です。田中豊美氏のイラスト（『野生動物ウォッチング』一九九四年、福音館書店と『月刊アニマ』一九八八年一〇月号特集ツキノワグマ）では、立って木の皮を口にくわえ表皮を剝いています。京都大学の渡辺弘之著の小中学生向き書籍『身近な猛獣　クマ』（一九八八年、誠文堂新光社）の挿し絵と、藤原英司著『ツキノワグマ物語』（一九八五年、佑学社）の清水勝氏の挿し絵も、立っているイラストになっています。どれが正解でどれが間違いというのではなく、とにかく見た人がいないのだから、「クマハギ杉」の前では、このようなシーンがあっただろうと想像するしかありません。

これらの再現シーンはどれも現状に近いと考えています。誰か見た人がいたら教えてください。

クマハギシーン、想像図。画：田中豊美。

第3章

クマをめぐる保護と対策の現状

クマなんていらない

「ツキノワグマの保護だとー、クマなど一頭もいらねー」

こんなことは、活動をしている中で何度も言われました。

あるとき、宮城県から依頼の調査で、生け捕りし、発信機を装着した後に放したクマを追跡していたときのこと。車を離れアンテナを持って、一般公道を歩いていたら、私たちのすぐそばにキキーッと「××営林署」と文字が見える車が止まりました。

「何やってんだ」

「え、あの、クマの追跡を……」

「クマなんて放してもらっちゃ困るんだよ」

と、捨てゼリフを残して、またキキーッと走り去っていきました。

その人は、私たちが何をやっているのか知っている様子でした。悪いことはしていないはずなのですが、クマの保護や放獣は社会的には認知されていないことを知った瞬間です。

奥地放獣と調査

ここで、クマのいる地域での一般的な現状と、試行錯誤をしながらも全国各地で取り組まれている保護や対策について、簡単に触れておきましょう。

クマが人里に近づくと、いや、近づいたことが人に知られると、「クマが出たー」と騒がれ、警察、あるいは自治体に通報されます。もちろん良識のある人であれば、クマを見たからって、いちいち騒いだりはしませんが、多くは、クマを見たという自慢も含めて、公にしたいのでしょう。通報された機関は何もしないで放っておく訳にはいきません。何もせず、事故が発生すれば責任が問われるので、対策を講じます。対策とは「その場所からの完全排除」。追い払うか、あるいは殺すか。大方は殺す対策、すなわち「駆除」が選ばれ、要請により地元の狩猟者で構成される有害鳥獣駆除隊が出動します。捜索の結果、銃口の犠牲になるクマもいれば、運よく逃れるクマもいるでしょう。ワナをかけられる場合もあり、農作物被害では、ほとんどが檻をかけられます。被害が発生すると、それ以上の被害を食い止める意味からも、早期にワナがかけられ、再びやって来たクマか、あるいはそのとき運悪くやって来たクマを捕らえて殺します。

今、全国各地では、殺さずに排除する方法として、実験の意味も含め、奥地放獣という対策が、試行錯誤を重ねながら行なわれています。奥地放獣とは、里に近づいた、あるいは農作物を荒らしたクマを、クマのダメージが少ないドラムカンを連ねてつくったワナでいったんは捕らえ、その後生息地の山奥に戻す方法です。戻したクマがそのまま森に滞まってくれることを望んだ海外の方法を習った対策です。一般のクマ駆除で使用するのは全体が鉄格子の檻ワナで、これだとクマが、逃れようと鉄棒をかじり、歯や爪を痛めやすいし、また、クマからワナの外が見えるので、人が取り

奥地放獣。ドラムカンワナで生け捕り後、自治体も協力して山奥へ運ぶ。

囲んだ異様な雰囲気を感じ、暴れて身体全体が痛んでしまいます。ドラムカンを二連にした生け捕り用のワナは中が丸く、入り口も鉄板で塞がれ、暴れてもダメージは少なくなっています。また、空気穴程度の穴があるだけなので、引っかかりが少なく、外もほとんど見えないワナです。

奥地で放す際は、クマの嫌いなトウガラシ成分を含んだスプレーをクマに吹きかけます。これは人里の恐さ、畑を荒らすとひどい目に遭うことを学習させるもので「二度と人里に近づかないでほしい」との思いも込めたものです。今はどこでも、放獣のときはスプレーを吹きかけることが慣例となり、奥地放獣は一〇〇%ではないものの効果も見せています。

奥地放獣されるクマは、生け捕り後に発信機を装着し、再び放した後に、発信する電波を継続して受信し、クマが今どこにいて、どんな動きをするのかを確かめます。こうした追跡調査をテレメトリー調査と言います。クマの現在地を確かめるには、アンテナを動かし、最も電波の強い方位を確認し地図に線を記入します。それからなるべく早く少し離れた別の場所へ移動して、同じく線を記入します。二本の線が交わった所が、今、クマが居る場所と判断できます。これを何度も繰り返すと、移動や滞在が確認できて、ある程度の行動も把握できます。この調査でも、クマの行動の一

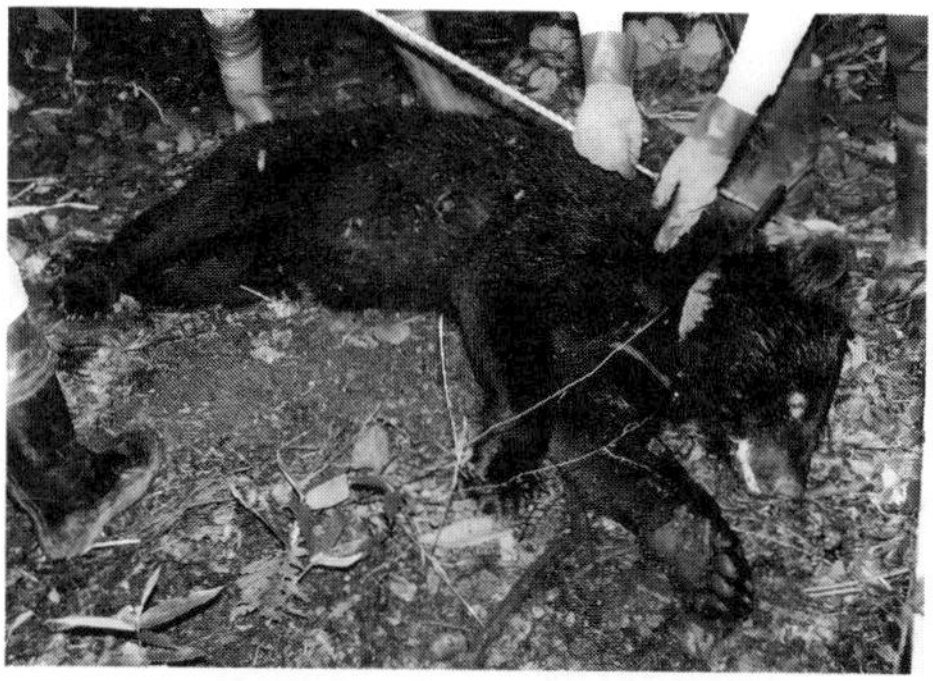

テレメトリー調査の仕方。
捕らえたクマに発信機を装着し（上）、奥地に放す。
クマの現在地を確かめるには、アンテナを動かし、電波をとらえる（下）。

畑に張られた電気柵の効果は絶大。しかし、設置にも維持にも労力とお金がかかり、なかなか普及しない。

端しかわかり得ませんが、知らないことが多すぎるクマをとにかくいくらかでも知り、保護や被害対策に役立てようと行なわれています。

被害対策としては、電気柵で農地を囲う方法があります。農作物を食べに来た動物が電線に触れると電圧によるショックが加わります。電源は電池のものやバッテリー。最近では、ソーラー式のものもあります。クマを農作物に近づけない対策で、被害の発生が抑えられるので、駆除が行なわれません。

しかし、これは農作物もクマも守ろうという観点がなければ、なかなか実行には至りません。なぜなら、電気柵設置と維持は費用がかかるうえ、たいへんな作業なのです。一〇〇m四方ほどの畑でも、何十本もの杭や棒を立て、地面三〇～一五〇㎝ほどに三～四本の電線を張ることになります。

張って終わりではありません。下草が伸びて電線に接触すると漏電して、効果が低下します。せっかく高価な電気柵を買って設置するのですから、効果を最大にするためにも常に下草刈りをしなければなりません。大規模経営農家ならいざ知らず、年輩夫婦だけの農家では、費用と作業量と効果を考えると、簡単にできるものではありません。

また、一軒だけの農家が畑に設置しても意味がありません。クマは電気柵のない別の農家の畑に移ります。被害の拡散にもつながります。電気柵の持つ農家は救われ、その分、持たない農家への被害が大きくなる恐れもあります。いろいろな課題も多い対策です。クマを殺さないようにしようと思えば有効な手段ですが、やって来たクマは獲物として駆除してもらえばそれでいいのですから、実行する農家はほとんどありません。電気柵が獲物としては不要なサル対策には多く使われても、クマ対策には思うように普及していないのが実状です。

クマがいるから手間と金がかかる、だけど……

奥地に放すといっても、クマの放獣には当然ながら反発も予想されます。よって、宮城県は調査が済むまで、放獣に関わる人以外には進んで公にしていませんでした。しかし、一九九六年夏に蔵王町で行なわれた捕獲・放獣の作業が、その町の広報に大きく載ったものですから、多くの人が知ることになりました。広報に載ったことをまずいとは思いませんでしたが、県や町にもいろいろ抗議や問い合わせがあったと聞きました。抗議のそれがどんな内容かは知る由もありませんでしたが、私たちが浴びせられた罵声のような思いが寄せられたのでしょう。

蔵王町としても、クマ行政の転換期と考え、県に協力し、クマ調査、保護に積極的な優しい町との宣伝効果があると見たのでしょうし、広報に載ったことは、問題提起としてはいい機会だったと思います。しかし、クマを憎む人も多い中、突然広報を見た人は驚いたと思います。反面、説明すれば反対されるのは必至。やはり今は、県、町、地元猟友会と調査に関わる人たちが、その意義をしっかりと心に持ち、頑張るしかないと感じています。

クマに対しても、みんな一人ひとりはやさしいのですが、いったん社会の一員となると話は別。近隣関係や利害関係が生じ、やさしい心は奥に隠れてしまうことも多いのです。

「クマなんか、いたって何の役にも立ちゃあしないし、困るだけだ」

などと言われて、答えることといったら、「今の日本の森の生態系の頂点」「豊かな森のバロメーター」「樹のタネがフンによって散布され、森づくりの役目を果たす」「食べ物を探して地面を掘り返したり、枯倒木を崩したりして、土壌を豊かにしてくれる」「この列島に住む大切な仲間」「大きく見ればクマだってこの国の財産」などだけ。どれも説得力はなさそうです。たとえ、その役目を知っていても、それがクマの存在意義だと納得することは、なかなかできません。

事実、経済的観点からだけ見れば、クマは邪魔な存在です。農作物被害や森林被害で減収。養蜂、養魚被害で地元猟友会出動。被害防除をするには多額の費用と手間がかかる。出没を知らせる立看板や車での広報やチラシ配布。キャンプ場では頑丈なゴミ箱設置、ｅｔｃ。「クマがいるから手間と金がかかる。いなければ何もかからない」こんな言葉が聞こえて来そうです。

クマの存在意義。人にとって益獣か否か。それほど大切なことでしょうか。でも、本当に人の役に立っていないのでしょうか。人の目に見えないだけではないでしょうか。

クマだって、いなくてはならない、大切な役割を必ず持っているはずです。

クマは山の見張り番

明治時代、オオカミがこの国から消えました。人間や家畜を集団で襲うことから、報奨金がかけられ、撲滅作戦が行なわれました。オオカミが滅びて人は喜び、安全な山で生活を営む。大型のカモシカは恰好の標的。まして、……その肉美味にして、犀角の如く漢方薬に適す……かなり利用価値に富む動物だったのです。

その後、カモシカは乱獲により数を減らし、昭和九年（一九三四年）に「天然記念物」、さらには昭和三〇年（一九五五年）に「特別天然記念物」に指定され、完全に保護されました。マタギが本

人間の都合で保護されたり駆除されたりする、特別天然記念物のカモシカ。

来、「アオシシ」と呼称し捕ってきたカモシカ猟が禁止され、クマを対象にせざるを得なくなったのです。カモシカにとってみれば、捕られないうえにオオカミはいない。捕食者のいなくなったカモシカは年月をかけて数を殖やし、同時に森林の乱伐などにより山を追われていきました。そしてオオカミ没百年後の現代、造林木や農作物を食害で困らせることになり、その結果が「カモシカ問題」。天然記念物が駆除されるまでになり、人がオオカミの代役をさせられる時代になったのです。

生物を滅ぼした罪は数十年、数百年後に影響を及ぼします。クマにしたって同じと思います。どの生物にも想像もできない役割があります。

いま、一番説得力があるクマの存在意義があります。それは、昆虫類の大発生を防いでいるのではないかということ。フンを見ると、昆虫が多量に入っています。その昆虫がすべて飛び回っていたなら、大きな農作物被害、

ハチの巣を荒らす。クマが食べることで昆虫の大発生が抑えられているのかも？

ハチによる人身事故が発生していたに違いないのです。クマが人を守ってくれているのです。日本列島には大切な動物です。存在意義はこれで十分です。

海外の人に「日本にいる動物は何ですか」と尋ねられて、「え〜と、ニホンザル、カモシカ、イノシシ、ほかにはヌートリア、ミンク、アライグマ、ハクビシンがいます」などと答えていたら、日本人であることの自尊心もなくなります。「ツキノワグマがいます。だから日本なんです」と答えてやりたい。

山からオオカミがいなくなった直後のように、さらにクマが絶滅すれば、人間にはもう怖いものなし、傲慢、気まま、好きなように振る舞い、山が荒れることでしょう。今、クマは人間が、勝手な振る舞いをしないよう、

「山の見張り番」という大きな役に立つ仕事をしているのです。

「七ヶ宿二号」の放獣

一九九五年九月三〇日（土）。この日、宮城県七ヶ宿町《しちかしゅくまち》で一頭のツキノワグマが発信機を装着され、山に返されました。

前日の二九日昼、私の携帯電話が鳴りました。「この年、三頭目の調査用のクマが捕獲されたので、明日、奥地放獣作業をするから集まってください」というものでしたが、生きているか疑問とのこと。捕獲されてから四～五日は経っていて、人がワナに近づいても動く音がしないとのこと。九月といっても日差しがあれば気温は高く、脱水や衰弱、さらには死亡する可能性がありました。

緊急に休暇をもらい、三〇日午前、生きていることを祈りながら七ヶ宿町役場に車を走らせました。一二時四五分に関係者が集合し、玉ノ木原地区に仕掛けたワナに向かいました。このワナは、有害駆除での捕獲でありながらも、宮城県の調査に回すことになっていたので、一般のクマ駆除で使用する檻ワナとは違い、生け捕り用のドラムカンワナでした。

クマは元気でした。ホッとした。

そこに集まったのは、宮城県鳥獣保護係、七ヶ宿町農林課、地元猟友会有害駆除隊員、加えて私たちの仲間数名と宮城県から直接調査を請け負った東京の自然環境研究センター（以後、自然研）

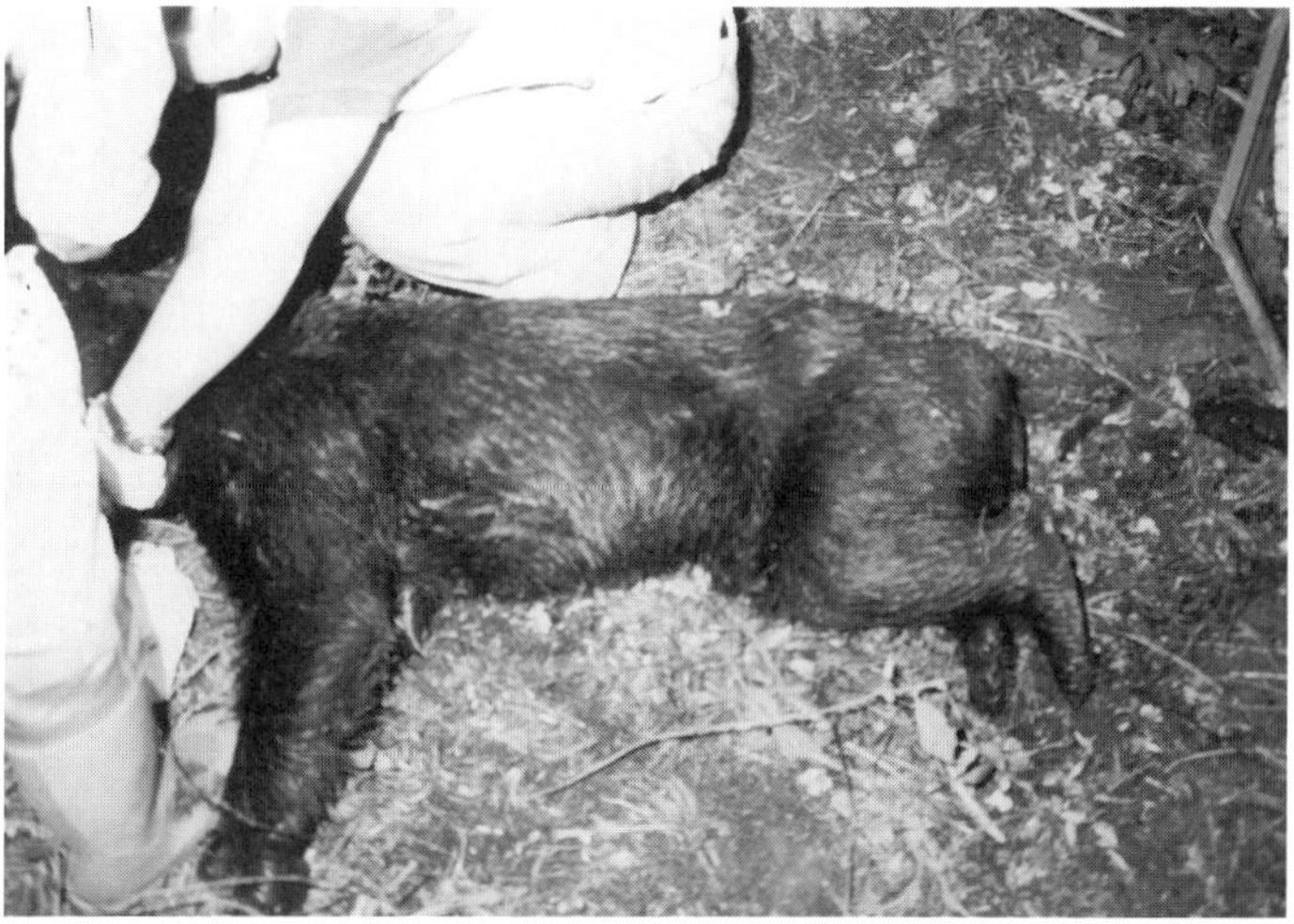

ドラムカンワナの中で生きていた！　体長約1.4m、体重58kg、「七ヶ宿二号」と命名。

調査員と獣医師。その獣医師によって、まず麻酔が投与されました。ドラムカンの側面に開いた小さな穴から、吹き矢による麻酔薬の投与。ふつう、三〇分ほどで効くのですが、このクマはなかなか効きませんでした。麻酔薬を追加投与して一時間もかかったのを記憶しています。

獣医師が、麻酔が効いたのを確認。眠ったクマをワナの外に出すのですが、重い体を両手で掴み、グッと引寄せると、そのままクマの皮が剥けるのではないかと思うほどよく伸びてきます。クマの身体の柔らかいことを実感しました。

計測作業に移ります。体長、体重、性別、胸囲、首周、尾長、耳長、体高、掌幅、掌長、陰茎長（オス）、年齢を確認するための抜歯、体温の測定等を、眠りから覚めるまでの短時間に速やかにこなしていきます。四〜五日もワナの中にいたため、糞尿も排出したのでしょう、身体全体の汚れがひどく、非常に臭かったのを覚えています。

このクマの体長は約一・四m、体重は五八kgでした。

計測作業の後に、自然研の責任者が発信機を装着しました。テレメトリー調査で行動を追跡するためです。装着のとき大切なのは成長を考慮し、余裕を持たせるも、クマが外そうとしても外れないこと、かつ呼吸を妨げないこと。感覚的で一番難しい作業です。実際、この年の最初に同町で放したクマと、翌一九九六年、蔵王町で最初に放したクマは、奥地に運ぶ途中に首輪を外してしまいました。慎重を極める作業です。仕上げに、クマに装着した電波発信と周波数を確認して作業を終えました。

このクマは「七ヶ宿二号」と名づけられました。

奥地に運ぶため、いったんクマをワナの中に戻し、ワナごと車に積み込みます。数台の車を連ねて、放獣地へ向かいました。この日の放獣地は、同町猫沢林道の最奥部、宮城・山形県境の山形県上山市に近い番城山（一三二三m）中腹部の、沢林を横切る林道の上（標高六〇〇m付近）、捕獲地から直線距離にして一〇kmの地点。

到着して放獣の準備をしました。放す前に、トウガラシ成分のスプレーを顔に吹きかけます。もう里に降りてくるなよと、祈りを込めて。

時間は午後四時を過ぎ、山陰に明るさが遠のいていきます。いよいよ、ドラムカンのフタを開け

ドラムカンからやっと出た。もう里に降りてくるんじゃないぞ。

ます。計測の途中に麻酔を追加したためか、まだ完全に覚めていません。なかなか出て来ません。ドラムカンを揺らし、やっと出て沢に入っていきました。少々フラついています。電波の受信を再度確認して、クマが元気に生きていくことを望み、放獣地を後にしました。

以後、私たちも受信機を持って毎週のように通い、調査を行ないました。再会は叶いませんでしたが、三年間電波を受信し、居場所を突き止め続けました。一九九八年、自然研が調査結果をまとめ、報告書を出しました。

「七ヶ宿二号」の最期

七ヶ宿二号放獣から五年後の二〇〇〇年八月のこと。

ワナのそばまで来ているのに、なかなかかかってくれないクマがいる。ワナを知っているクマがいる……。当時、山形県高畠町《たかはたまち》のクマ関係者の間にはこんなうわさが広まっていました。

そんな折、あるデントコーン畑の、有害鳥獣駆除で仕掛けた檻のワナに、一頭のツキノワグマが入っていました。よく見ると、革製の首輪を付けています。檻を取り囲んだ人の誰かが言いました。「周辺の山に、調査で発信機を付けたクマがいるという話を耳にしたことがある」。調査中のクマを獲ってしまった……まずい……。

放すべきか。しかし、首輪は見えても機械らしきものは確認できません。発信機があるならイザしらず、それは落ちてしまったのか見当たらなかったのです。さらに、クマのキバや歯は、逃れようと檻をかじったのか、ほとんどの歯が欠けて悪い状態でした。しばらく悩んだ末に、殺処分が決定しました。檻の中のクマに、急所を目がけて銃口が向けられました。

周辺に響く「パーン」という乾いた音。一発で絶命。クマは檻から引き摺り出され、軽トラックに移されます。敷かれた青いビニールシートは赤い血でいっぱいになりました。死体は駆除隊員の家へ運ばれ、解体されました。八〇～一〇〇kgはあろうかと思われました。

永年の狩猟経験から、年齢は九～一〇歳と推定される大きいクマで、手と足も大きいと印象させるクマでした。

そして私に地元の人から電話が入ります。「山形県高畠町上宿《かみじゅく》のデントコーン畑で首輪をしたクマが捕まった。すでに殺されてしまったが、板垣君たちが放したクマじゃないのかい。一応、首輪は保管してあるから確かめてみたら」とのこと。高畠町は、県は違っても七ヶ宿とは隣町。大いに可能性はあります。早速行って、手にとったところ、七ヶ宿二号の首輪に間違いありませんでした。

放獣から五年。首輪を付けたままよく生きていたものです。首輪の裏を見ると、かなり磨り減っていました。窮屈で邪魔な思いをしただろう。申し訳ない気持ちでいっぱいになりました。

あなたが調査に協力してくれたおかげで、クマ行政も少しずつながら前進しています。本当にありがとう。残された首輪を目の前にして七ヶ宿二号に感謝し、想いを馳せ、合掌しました。

コラム

森とクマの底力

夏に恋をするクマは、交尾を行ない受精しても着床はせず、受精卵は浮遊します。秋、ドングリ類の木の実をたくさん食べることができたら、子供を産む方向に身体が進み、残念ながらドングリが不作、あるいは何らかの理由で食べられなかったときには、流れてしまうようです。こうした性質は「着床遅延」と呼ばれています。

クマは冬ごもり最中に、出産と子育てをします。自分自身の体を保ち、さらに子育てをする蓄えが体に必要なのです。一大決意で冬ごもりを行なって出産しても、体力低下で母親が絶命しては共倒れは免れないでしょう。体の蓄えによっては出産より自身の体を優先して残し、翌年以降の子孫繁栄に望みをかけます。着床遅延もまた、永い間の自然の中の知恵でありましょうか。

森の状態に影響される。森に合わせて生きていく。森と共に歩んでいく。クマが現代の日本にまで生き延びてきたのは、そんな生活の底力があるのです。

ここで一詩。

《森たちの自慢くらべ》

ある森　「俺の森にはカモシカもイヌワシも暮らしている」
他の森一同　「ホホーォ」
また、ある森　「俺の森にはクマゲラがいる」
他の森一同　「スゴーイ！」
また、ある森　「おれの森にはツキノワグマがいる」
他の森一同　「ウーン、参った！」

第4章

「クマの畑」——天使のささやきか、悪魔の誘《いざな》いか

「クマの畑」の舞台・蔵王山麓

一九九七年、私たちは、一つの模索・試みとして宮城県側の蔵王山麓で「クマの畑」というものを始めました。

全国的にみて、森は減り、クマは減る一方。しかし現実を考えると、駆除しても駆除しても被害は減らずクマの被害は存在して、困っている人もたくさんいます。現実の被害についても何かしらの対策をしなければなりません。今の制度では救済や損失補てんはないに等しく、いわゆる「泣寝入り」。有害駆除は被害の拡大を防ぐだけでなく、「報復」の意味も大きいのです。そのクマと人が、「うまく折り合いをつけてくれる方向」への模索や指標も「守る」ことにつながると思うし、これからの課題です。「クマの畑」はその第一歩です。

宮城県は太平洋側に面し、東北六県の中では最も面積が小さい県です。他県に比べれば山も少なく、北上山系も、阿武隈山系も宮城県で途切れています。この小さい県土に、東北地方の人口約一千万人のうち四分の一の約二四〇万人が住み、仙台市には一〇分の一の一〇〇万人が住んでいます。東北自動車道や東北新幹線が縦断し、南部の蔵王山麓では山形自動車道や山岳道路のエコーラインが横断します。日本三景の松島を抱え、日本一のガンの飛来地でラムサール条約に指定されている伊豆沼もあります。「森は海の恋人植樹祭」の発祥地でもあり、二〇〇五年にはプロの野球チーム、東北楽天ゴールデンイーグルスが宮城県仙台市を本拠地に誕生しており、人間の営みも東北一盛ん

この辺りには、もともとクマがすんでいます

（東北には北海道のヒグマとは違う、小型のツキノワグマだけが生息しています）

蔵王山麓は自然がいっぱい、豊かな森や川、おいしい空気も言うことなし。それに加えて野生の生きものの宝庫でもあります。美しい声でさえずる鳥たちは季節を感じさせてくれます。川面には銀鱗輝く魚たち。そして野山にはキツネやテンをはじめ、ツキノワグマやカモシカも多く生息しています。

特にツキノワグマは大食漢な上に雑食で何でも食べます。夏の山は食べ物が少なくなる季節。食べ物を探し求め広く歩きまわり、ときには人の食べ物の匂いに誘われて、人里に近づくこともあります。山での空き缶やゴミの投げ捨てなどでおいしい味を覚えさせたことが、人里接近の原因になっている可能性もあります。

クマを呼び寄せる原因をつくらないために、やってほしいことがあります。

1、生ゴミや空き缶を外に放置しないでください。クマは鼻がいいので呼び寄せ、結果的にエヅケをすることになってしまいます。

2、家庭菜園のトウモロコシのような甘い作物も大好物。うまく管理してください。

3、驚かさないような気配りを！ツキノワグマはおとなしい性質ですが、対応によっては怖い存在です。クマも人を怖がっているのです。

4、本来静かに山で暮らすクマは、人に気がつくと通常はクマの方から離れて行きます。話しながら歩いたり、鈴などを持って歩くと効果的です。

ゴミへの誘惑が人への恐れを忘れさせ、危険なクマをつくります。それが有害獣として殺される結果にもなってしまいます。

問い合わせ：ツキノワグマと棲処《すみか》の森を守る会　☎&FAX０２２－２４６－０９４６
〒982-0012　仙台市太白区長町南２－１５－２１清和荘３号

人もクマも同じ地球の仲間です。

※このチラシは世界自然保護基金日本委員会（WWＦＪ）の助成により作成しました。

身近な連絡機関
青根駐在所☎０２２４－××－××××　遠刈田駐在所☎０２２４－××－××××
宮城県庁鳥獣保護班☎０２２－×××－××××

蔵王山麓の別荘地で配ったチラシ。クマがすんでいることと、その対処法、ゴミの処理法などを伝え、住民の意識向上を図る。

な県なのです。

蔵王山麓は別荘地としても有名です。都市部の別荘購入者が多く、クマが生息することを伝えられずに購入した人もいるようです。都市と同じ感覚で、生ゴミを袋に入れただけで放置し、庭ではバーベキューの匂いを漂わせ、家庭菜園と称して甘い作物を実らせます。そうしてクマを寄せておきながら、クマの情報が流れると慌て、駆除も視野に入ります。

あらかじめクマの生息を知っていれば、うまく対応できると考え、許可を得て、地元の駐在所と本会の連絡先を印刷したチラシを、別荘地で一軒一軒配布しました。クマの存在を知る人、それを喜ぶ人、知らない人、驚く人がいて、様々なクマに対する思いを聞くことができました（前ページのチラシ参照）。

地元住民からの申し出

一九九六年の夏のことです。例年になく多くのクマが里に近づき、有害鳥獣として除殺されました。

被害が確認されると、駆除を申請、あるいは駆除を奨められます。「クマの苦労」も知る農家の人ならば、それほど簡単に「駆除・除殺」を言葉にはしませんが、大方は、クマ被害の経済的ダメージとクマの恐怖が頭をよぎり、除殺の道を選びます。この年は同じ場所で、一週間に五頭も六頭も、

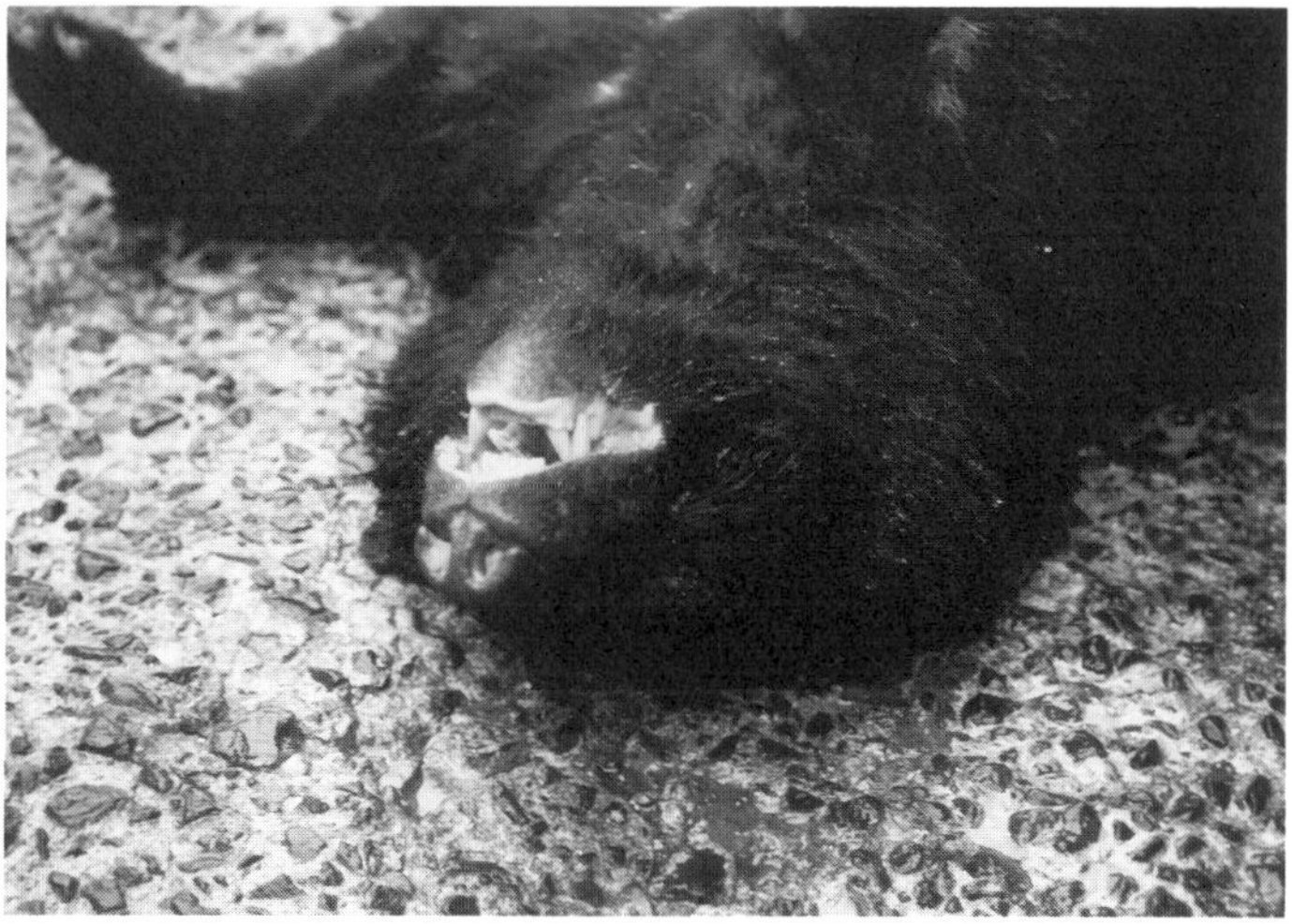

檻で捕らえたクマは鉄の槍で突き殺されていた。このクマも槍で殺された。

檻のワナに捕らえられました。宮城県蔵王山麓では捕らえた後は、鉄の槍で何度も突くという、むごい行為で絶命させられていました。

蔵王山麓の豊かな森も、スキー場、ゴルフ場、リゾート地、広大な農場へと移り変わり、それに伴い大規模な道路建設とその他の開発で、体の大きいクマを吸収しておくだけの力（面積）が失われてしまったのです。この人間のためだけの開発が被害を発生させ、その責任はすべてクマの命を代償とさせられます。

夏の七月下旬から九月までは山の実りが滞る時期。そして、高原や里ではおいしい農作物ができる季節。こうなれば、おのずと里へ引寄せられます。何か良い方策はないものか……。そんなことを考えていたところ、山あいに住む農家の佐藤善幸さんから、クマのためにクマの被害地に隣接する休耕地を利用して、畑をつくらないかと話しかけられたのです。

以前から、植樹とか森づくりに興味がありました。やりたかった。しかし、私たちの会でやるからには相手は「クマ」。野鳥や人気のある昆虫の生息地保全のため、養殖魚介類を育むために上流域に植林する森づくりはできても、「クマのため」という名目の植樹などできるのだろうか、否。「クマのための森づくりをしよう」などと叫んでも、被害農家や生息地に近い場所に住む人からは猛反発を食らう……こう思っていました。

森づくりでも反発が予想されるのだから、さらに「クマのための畑」となると沈黙せざるを得ません。それが、クマの生息地に住んでいる人から畑づくりの話が来たのです。「クマの悲惨な現状を考えると、余りにもクマがかわいそうだ。このままではクマがいなくなる。何か動かなければ」と言うのです。

しかし、この話を聞いた自分自身、「クマのために畑をつくること」に、やはり少なからず違和感を持ちました。これは餌付けをしていることにならないか？　考えに考えました。絶対に悪いことなのか。より良い「代替案」はあるのか。そんなに簡単に浮かばない。クマのことを本気で考えて話をくれたその人に、もし「クマのための畑づくりはどう考えてもよく思えないので、やらない」と答えた後の行動と方策は何もない。いろいろなことが頭を錯綜しながらも、意外に早く答えは出ました。

人の左がスイートコーン、右が飼料用のデントコーン。デントコーンは背が高い。

「その話に乗るか反るか……乗る」

そこで、休耕地を生かした、被害の防波堤となる畑。荒らしてもおとがめのない、「クマの畑」をつくってみようと話は決まりました。畑を畑でバリアする計画。農家の被害を肩代わりする新しい活動。山あいの畑に作物をつくって、そこより里に降りるクマを食い止めるのです。

「クマの畑」には、クマがすでに味を知っているデントコーンをつくる

一九九七年四月。場所は蔵王山麓・川崎町。「クマの畑」でつくるのは、この地の中心作物である牛の飼料用のデントコーン。これまでさんざんクマの被害に遭ってきた農作物です。クマにこれ以上新しい味を教えず、かつ、その地のどこにでもあって、被害が及ぶ農作物をつくる、

「クマの畑」づくり。地元の人たちとタネをまく。

という方針のもと、これに決めました。

作業は佐藤さんをはじめ地元の人が大きな力になってくれました。休耕田を借り、トラクターや耕耘機を借りて、堆肥を買い、タネをまく。これらすべてカンパとボランティアです。成功か否か、未知の世界への取り組みが始まりました。

四月初めに堆肥を畑に入れます。四月下旬から五月上旬にタネを蒔き、後日、周りの農家同様に除草剤を散布します。除草剤は散布せずにすめば一番いいのですが、これをしないと間違いなく他の草々に負けてしまうのです。散布しないわけにはいきません。早々に鳥が啄まないように鳥よけの糸を張ります（ネットではありません）。あとは太陽と雨に任せて成長を待つばかりです。

「クマの畑」などと、今まで耳にもしなかった言葉のせいか、それほどクマに関心がなかった人やクマに興味のない人にもインパクトを与えたようで、賛成・反対の意見をたくさんいただきました。それだけでも、問題提起としては効果があったと思います。

クマの現状や将来も含めて、森、開発、有害除殺の現状をお話しすると、消化は遅いものの、「一つの手段」あるいは「やってみる価値はある」など、理解を示してくれる方もかなり多くいました。「米国のインディアンも、サクランボの実を野鳥から守るため、ジューンベリーという果樹を周囲に植えて野鳥に与えている」という例を教えてくれた方もいました。

でも、対象がクマだけに、いろいろ考えると、思い通りにならず、予想もしない障害、失敗はあるでしょう。反対意見にも耳は傾け、少しずつでもいい、改善しながら牛歩のごとく進めていきたいと考えています。

ただ、クマから、これだけ生息地や森、食べるものを奪って、山で生きるにも困難な状態にしておきながら、なお、野生のクマはクマらしく生きるべきだから反対と唱えるのは、少々人の勝手が過ぎます。そんな意見を受け入れる訳にはいきません。クマと人が解り合うには、まだ時間が必要です。でも急がねば。

この年、私が大好きな漫画家で、一九八九年に亡くなった手塚治虫氏の大量の所蔵本を仙台市太《たい》白区《はくく》秋保《あきう》町の石神地区に移し、「手塚治虫図書室」を開設しました。無料で読んでいただくことにしたのです。手塚先生の漫画は、生命の尊さや地球環境、自然破壊、野生動物、戦争の愚かさ、科学

手塚治虫図書室。

神話への疑問を取り上げ、壊れやすい地球をガラスに例え、地球や自然への讃歌、平和を呼びかけていると私は受け止めました。少なからず私に影響を与えた人物です。これは余談ですが、私は手塚先生に何度かお目にかかり、お話をし、一度、名刺の交換をしました。今、その名刺は私の宝物となっています。

「手塚治虫図書室」の利用は無料ですが、中に「クマの畑への一〇円カンパ」と称した募金箱を設置して、利用者に一〇円募金のご協力をお願いしています。

さてこの年、クマは八月一八日にやって来ました。第一報を佐藤さんがくれました。すぐに行ってみると、畑の中ほどがなぎ倒され、うまく食べていました。二週間ほど滞在して、畑の半分以上を食い尽くし、ドングリの実った森へ帰って行きました。

これだけの結果から成功と言うつもりはありません。でもこの年、二週間、クマは畑に滞在し、その下の畑には行かなかった。「クマの畑」が防波堤になったのです。この事実は自信になり、続けてみる価値があると思いました。

畑にやってきたクマはどんなふうにコーンを食べているのだろうか。その姿を想像すると、やる気がかき立てられました（本章の扉絵参照）。

あなたたちのやっている事は不自然そのものです

「クマの畑」をつくり始めて五年目、交流もあったある自然保護団体から、次のようなＦＡＸをいただきました。

「毎回、そちらの通信を送っていただいていますが、今後は送らないでください。
あなたたちのやっている事は不自然そのものです。
全部は否定しません。やるべき事はやっていると思います。
でも、なんで人間の食物を野性の熊に与えなくちゃいけないんですか。
伊豆沼で行なっている餌付けに対して、賛成している学者が一人でもいるでしょうか。
熊の好きな作物を熊のいる場所に作れば熊が来るのは当り前でしょう。
箱ワナに入れるハチミツと、どうちがうんですか。

テレビの映像ではとれるでしょうが、そんなマスコミに
振り回されて、どうするんですか。
私はマスコミは大嫌いです。何もわかっていないからです。
私は、常に自分は本物でありたいと思っています。
他人の話も聞けるものについては聞く耳は持っているつもりです。
熊に作物を与える事が熊の野性化をさまたげるとは思いませんか。
世の中の自然を知らない人達は、貴方達の活動に目を向けるでしょう。
それでいいのですか？
私たちがやっている森作りと貴方達の活動は根本が違うと思います。
これが私の考えです。

〇〇のブナと水を守る会
〇〇〇〇〇

反対も賛成も意見は宝、人も助かりクマも助かる畑を目指す

「クマの畑」の活動には、当初から非難の声が寄せられました。今でも痛烈な非難を受けています。

しかし、面と向かって非難してくれる人は少なく、反対意見を持ちながらも文章にしてくれる人はなかなかいなくて、活動への非難を文章でくださったのは、この方でやっと三人目です。どんな活動にも賛否両論があっていい。話題喚起・問題提起の点から見れば、うれしい批判です。私はご本人の了解を得て、このFAXを会報に載せました。

私たちも、一般の常識からすれば〝狂った活動〟と思いながらも、駆除のあり方などドロドロと根の深いクマ行政を変えるには、何か大きな問題提起が必要と思っていました。「自然保護団体がそんなことまでやっていいのか」と、考えてもらうのも一つの目的です。誰もが認め、誰もが支持する〝美しいだけの自然保護活動〟では、クマ行政は変わらないと思いました。何が問題なのか、自然保護団体としての信用を失うリスクを背負いながらも、クマ問題を世に問いただしてみたいのです。

ある人は

「こんなに非難されながらも、続けているのには、何か訳があるのでしょうね」

と、少し耳を傾けてくれました。

いろいろな提案や意見に耳を向けて、切磋琢磨しながらより良い方向に進むことができれば、「クマの畑」は多くの人に受け入れられるでしょう。

反対意見や批判も大切な宝です。いろいろな意見を踏まえて、「人も助かり、クマも助かる畑」を目指します。ツキノワグマが絶滅に向かっているという問題の大きさに目を向け、危機感を持ち、人間の過去を反省し、償い、謝罪し、今後はその責任を行使する心構えや認識も必要です。

その昔、山の神として尊ばれたクマは、ＳＯＳ信号を出し、里に助けを求めて降りてくる、悩める存在になっています。それさえも除殺する現代。私たちにも何かができるはずです。活動は、何とかこの日本に、東北にツキノワグマを残してやりたいと思う気持ちの表れです。「クマの畑」は世間への投球です。どうか皆さんの知恵をお借しください。

人に例えれば、クマは二重、三重の被害を被っています。

①ある人が、自分の家が火事になり焼け出され、生活の場を失う。

（クマが生息地を奪われる）

②助けを乞うため近隣の家に駆け込む。

（里に食べ物を求めてくる）

③居場所が違うと言われて邪魔者扱いされる。

（有害鳥獣として除殺される）

人に置き換えてみれば、不合理が見えて来るでしょう。

マスコミが味方になってくれた――テレビに出るような良いグループ?

皆さん、「クマの畑」をどうお感じになられたでしょうか。違和感、嫌悪感、さらには憎悪感を持った方、逆に美談として、すばらしい活動として捉えた方、どちらだったでしょうか。意見をいただいた中には「反対ではないが問題だ」と心の揺れをストレートに表した人もいました。

そう、それでいいのです。「クマの畑」には、世の中への問題提起を占める部分が大きいのです。この畑が良いのか悪いのか、なぜここまでしなければならないのか、多くの人に考えていただけたらと思っています。

意外にも世間からは注目され、というのも、マスコミがよく取り上げてくれます。よほどユニークな活動だったのでしょう。次々とマスコミの取材があり、地元のテレビ・新聞には何度か取り上げられ、また、遠くは札幌、大阪のテレビ局もやってきました。一九九七年春には、準備の段階からNHKの取材を受け、九月七日に「ドキュメント東北」で放送になりました。総合テレビでは東北六県だけでしたが、数日後、衛生放送で全国に放送され、さらに九月一二日、NHKニュースイレブン、一〇月一六日には、クローズアップ現代にも取り上げられました。

「クマの畑」に関しては、マスコミは、それが良識的な活動か、それとも間違った進路なのかは判断せず、話題性に惹かれて取材に来ます。しかし、時として威力を発揮します。地元の人たちは、「テレビに出るような良いことをやっている、なかなかいいグループだ」と、見てくれた人もいたようです。

そんな効果もあって、翌一九九八年、「クマの畑」は川崎町と蔵王町の二カ所になりました。蔵王町の畑は当初は無償で土地の提供をいただきましたが、今は有償で続いています。

注目と言えば、調査や研究でクマに接する方々や、自然保護に力を注ぐ方々にも関心を持たれたようです。それ以降私は、地元をはじめ、北海道や東北、東京、関西から講演（というより、スライドを使ったお話）の依頼があり、走り回っています。

畑に泊まる

一九九九年夏にも、「クマの畑」に、もちろんクマはやって来ました。

八月中旬、デントコーンを食べている姿をいっぺん見てみたいと、その畑の脇に櫓を組んで、泊まってみました。

音を出さないように、人の気配をクマに気づかれないようにしながら、一晩、櫓の上で過ごすことで心配だったのは、飲み水と排尿。水はペットボトルを水筒にして、オシッコは極力我慢するしかなさそうです。満タンに充電したビデオカメラと双眼鏡を持って、まだ明るいうちから櫓に入り、クマが来るのを待つことにします。

八月一四日（土）、この日は大雨。休暇に合わせて泊まり込むのだから、天気を選んではいられま

デントコーンを食べるクマの姿が見てみたくて、櫓を組んで畑に泊まる。

せん。ザーザーとデントコーンの大きい葉に当たる雨音は、こちらが出す音を覆してくれました。オシッコも気にせず櫓の上からできます。「雨が幸いすることもあるんだなあ」と思いながらも、一段と雨足が強くなると士気も落ちるし、雨音で夜九時近くになっても、クマが来ているのか来ていないのかもわからず、残念ながらこの日は断念しました。

が、翌朝、畑に行って見ると、クマが来て食べた跡があった！

二一日（土）、今度は晴れ。同じ準備をして櫓に入ります。今度はヤブ蚊との戦い。長靴に軍手、パーカを頭から被りました。静かな夜かと思いきや、今度は虫の声がリーリージージー……とうるさい。その他は、遠くの道で走るかすかなバイクの音、雲の間から聞こえてくる飛行機の音ぐらい。虫の声などは、しばらくすると慣れきって、ないに等しくなりました。

そして、長い一夜が始まりました。時折り顔をのぞかせる月さえまぶしく感じます。

夜八時を過ぎて、バッサッ……バッサッと音がします。

「来たっ」こっちも気づかれまいと、ますます息を殺します。間隔が開き、また、バッサッ……バッサッ。緊張の中で水を飲む。ゴクッとノドを通る音さえ、クマに聞こえる気がしました。向こうは私に気づいた様子はありません。パサッバサバサッ。音は続きます。大きくバリッと音をたてました。すると少しの間、音が途絶えシーンとし、自分でたてた音に自分で驚いているようにも感じられました。

それほどまでに気を遣って畑に来て、デントコーンを食べているのか。それとも私がいることをもう知っているのか。いつもこうしているのだろうか。この日までにも何度か畑には来ているはず。「この畑はもう安心だ」とわかっているはず。それなのに、この気の遣いようはなんなんだ。クマはこうして生き延びて来たのか。人に知られず、気づかれず、見られず。「この畑はお前たちがいくら食べても良いのだから安心して食べて行け」と、声をかけたくなりました。

そう言えば、こんなことがありました。一九九七年夏、蔵王町七日原《なのかはら》のデントコーン被害を見回りにいったときのこと、車を何台か連ねて舗装のされていない細い道を入っていったところ、大きな声を上げて近寄ってくる女性がいます。話を聞くと、「どうしてゾロゾロこの道に入ってくるんで

真夜中、ひっそりと畑に接近するため、出没に気づかない人も多い。

すか」と怒っています。その少し奥でペンションを営んでいるとのこと、「何しに来たのか」と尋ねられ、「クマの被害を観に来た」と答えました。

すると、「ここにクマなんかいないよ。十年以上も前から住んでいるが、見たことも聞いたこともない」と言います。そこで、すぐそばの畑へいっしょに、クマが食べた痕跡を見に行きました。畑を見て言った言葉は「本当にクマなのか、知らなかった」。たいへん驚いていました。

家のすぐ脇に、何年も出没を繰り返していたのに全く気づかせない。これは、クマと人との付き合いを象徴するような出来事でした。

真夜中の畑にクマは来ていた

夜の話に戻ります。

二〇m先にずーっとクマがいる。ポキポキッと、あるいはポリポリッと、コーンの実を食べる音も聞こえます。ゴフーッと鼻を鳴らす音。フーフーと鼻息。間違いなくいる。しかし、暗闇とデントコーンの茎の高さに邪魔されて、姿は目に映らない。明るくなるのを待つしかありません。

そして、いよいよ明るくなろうかという午前四時。まだいる。このままならビデオにも収められる。まだいる。ずいぶん空が明るくなった。ビデオの用意を……。お、おかしい。聞こえない。いない。……消えた。やられた。そんなにも姿を見られたくないのか。明るさと共に姿をくらませた。これでこそツキノワグマだ。やるじゃん。

五時を過ぎ、すっかり明るくなった頃、櫓を降りて畑に入ってみると、真新しい食べ跡とクッキリした足跡。側の杉林の中にはコーンを持ち込んで食べた跡までであります。

畑の脇にあった足跡。クマは来ていた。

人はクマが畑に来ると「クマが出たー、駆除だー」騒ぐけれど、クマは細心の注意と気配りで畑に現れ、夏場をしのいでいる。人を困らせようとやって来るのではないのです。

世界初の映像

残念ながら、私はクマの姿をとらえることができませんでした。しかしついに、畑に現れ、デントコーンを食べるツキノワグマの映像をこの目にすることができました。

二〇〇〇年春のタネまきの頃から取材を続けたミヤギテレビのスタッフ陣が、八月になり、食べ跡が現れた直後から無人カメラを設置しました。技術を駆使した遠隔操作ができるカメラで数日粘り、すばらしい映像の撮影に成功しました。畑に姿を見せ、歩き、座ってデントコーンの茎を引き寄せ、実にかじりつく。

「これがわれらの畑に来たツキノワグマか。こんな映像は世界初ではなかろうか」

これまでコーン畑に来て、いわゆる被害を与えているクマの映像など見たことがありません。畑にいるクマの姿を見た人の話を聞いたことはありますが、映像としてカメラに収められたのはこれが世界でも初めてだと思います。苦労を重ねたミヤギテレビスタッフ陣の快挙を喜び、感謝しました。この映像は八月二五日、日本テレビのズームイン朝での放送を皮切りに、ニュースやバラエティ番組でも何度となく放送されたので、ご覧になった人も多いのではないでしょうか。

ついに、畑に来たクマをとらえた！（協力：ミヤギテレビ）

被害を被っている農家の人からも「テレビ見たよ。クマってかわいいんだねー」と言われたのが、一番の喜びでした。

真価問われる「クマの畑」

「クマの畑」の活動には今でも多くの賛否両論が寄せられ、また農作物の被害がゼロになったわけではありません。

しかし、完全とはいきませんが、周囲の畑への被害は減り、成果が見え始めています。毎年必ずクマは畑にやってきて、約一カ月間、畑に居つきます。山の食べ物が不足する夏の端境期を、私たちの「クマの畑」でしのいでいます。確かなことは、この期間、クマがほかの畑に行くことを食い止めたということです。

また、別の効果もありました。

「クマの畑」を始めると同時に、宮城県の蔵王山麓で行なわれていた駆除で、檻に捕獲したクマを槍で突き殺す行為を改善するよう、数年来要望してきました。二〇〇〇年四月一〇日、当時の環境庁から『銃器を使用した止めさしについて』という文書が出され、ようやく改善されました。残酷な槍殺しは止めて、今後は銃を使用できることになったというだけであり、根本の部分は変わっていませんが、これも「クマの畑」の波及効果、一歩前進と考えたいと思います。

こんなこともありました。三大現代用語書の一つ、朝日新聞社『朝日現代用語　知恵蔵２００２』に、ふるさと発現代用語として、「クマの畑」が写真と共に載りました。「現代の象徴的な活動」と評価されたことを素直に喜びたいと思います。三十行に満たないほどですが、グっと肩の荷が重くなりました。

二一世紀に入ってからも、「クマの畑」は続いています。今年二〇〇五年は九年目に入ります。

二〇〇三年、東北地方の、特に太平洋側は記録的な冷夏でした。梅雨の長雨に追い打ちして、七月になっても八月になっても陽は照らず、雨また雨の日々に終始しました。気温はまずまずあったものの、日照不足と異常なほどの湿気が「クマの畑」にはダメージでした。いつもの年ならコーンが黄色くパンパンに実る八月になっても親指ほどの白いままの実があるだけ、それでもクマは畑に命をつないでもらおうとやって来て食べていきます。八月五日頃には来たでしょうか。山はもっと悪いのでしょうか。

例年だと、約１カ月畑に居つくが、異常気象で実りが悪いときはあっという間に食べ尽くし、下の畑に行ってしまう。

畑は、二週間もしないうちにほぼ全滅。食べ尽くされました。クマの畑も広いとはいえ、蔵王山麓の全体の畑の面積に比べれば、猫の額にいるノミやシラミの額ほどしかありません。持ち堪えられなかった。その後、下の農家の畑に行ったクマは次々と除殺されていきました。

冷夏の秋、仙台の山を歩いてもほとんどドングリを見ることができません。秋の調査で、クマダナがあるのはクルミとミズキの木だけ。クマはこの秋には何を食べているのでしょう。

これほどの冷夏による不作となると、クマの畑が被害を食い止める力などどこかに吹き飛んでしまいます。事実、被害防除の役に立ったとは言えず、数年行なっている中でのある年の出来事としてだけでは片づけられない、大きな力不足を感じました。

翌二〇〇四年は前年とは打って変わって記録的な猛暑。気温が高いうえ適当な雨も降っていたため、デントコーンの育ちがよく、七月下旬には実りあがり、色づきもいい。クマは八月を待たずにやって来ました。昨年も来たクマかそうでないかはわかりませんが、毎日毎日やってくるので、みるみる食べられる面積が広がっていきました。

夜中に見回りに行くのですが、クマがいても畑の中ほどにいるクマは、密生するコーンに遮られ見ることはできません。車で畑に近づくと畑から出てきて、車の前を横切り、隣接する藪に入ることもあります。

佐藤さんが「夜にサーチライトを照らしたら、姿は見えないもののライトの光に反射してクマの目が光るから、クマがいることがわかるよ」と言います。佐藤さんは毎日続けていました。

コーンは毎日食べられ減ってゆきます。「だんだんとライトでクマの姿がよく見えるようになってきた」というので、八月二一日（土）に行ってみました。夜八時半、小型トラックに乗り込み出発。畑に近づくとスピードを落とし、ゆっくり畑の脇に停車しました。まだ点灯させないサーチライトを片手に、トラックの荷台に乗り移り、車のエンジンを止めました。

畑の中でガサガサ音がする。クマはいる。いよいよサーチライトを点灯しますが、まず空に向けてスイッチを入れました。ほのかな明かりが畑にも落ちました。ゆっくりとサーチライトの先を畑に降ろすと、光る二つの目に真っ黒い物体。「いた！　クマだ」。毎日畑に来ていたクマの姿が目の前に現しました。コーンのほとんどが食べられ、見通しもいい。すぐに逃げる様子はありません。しかし、光を避けようとするのか、地面にうつ伏せになるかのように体を低くします。光にも慣れてくるとコーンを食べ出すのでした。サーチライトで車のバッテリーがあがる恐れがあったため、一〇分ほどしたところで車のエンジンをかけました。すると、のそのそと隣接する杉林に入っていきました。

翌二二日（日）にも同じように観察に行きました。同じようにクマの姿はサーチライトが照らし出しました。前日とは違い、伏せる様子はありませんでしたが、残り少ない、まだ立っているコーンの茎にじっと顔を隠すそぶり（といっても隠れていません）。耳をプルプルさせています。コーンを食べようとするが、こっちのことも気にかかるのか、食べていても休み休みこっちをうさんくさそうに見ています。

もう一つの畑に移動しようとエンジンをかけました。またゆっくりと振り向きながら、仕方なさそうに脇の杉林に入っていきましたが、再び畑に出てきました。こっちの臭いを嗅ぐそぶりをして、また杉林に消えて行きました。別の畑に行くと、畑の中を走っているクマが目に入りました。意外に活発に畑で過ごしているのだな、と感じました。

この秋の仙台周辺の雑木林は、ドングリを踏まずには歩けないほどの豊作です。畑に来ていたクマたちはその後、秋の実りを満喫したことでしょう。

蔵王の仲間と「クマの畑」の前で。左から、佐藤善幸氏、著者、我妻正美氏と愛犬のマロ。

全国的には度重なる台風の襲来で、せっかく実ったドングリも落ちてしまい、山の食べ物は不足ぎみだったようです。そしてそのことが、里へクマが降りて異常出没した原因ではないかと言われていますが、この辺りはそのようなことはなく、農業被害も減り、クマにとっても人にとってもうれしい秋となりました。

これからが正念場です。賛否両論の渦巻く中、継続は力になることを信じ、世の中への問題提起、話題喚起を絶やさないためにも、これからもやります。

コラム

「クマの日」と「クマの英訳」

「クマの日」があってもいい。フッとそんなことを考えました。日本の干支、十二支の中にもクマは入っていません。虎や竜、羊など、日本の自然に無関係な動物がいるのに、こんなに日本人に身近なクマがなぜ入ってないのでしょうか。干支は中国からのものなので、仕方がないにしても、クマは入ってほしかった。そうすれば、一二年に一度ぐらいは、クマにとっても良い年を迎えられたかもしれません。ウーン残念。

だったら、クマの日を創設すればいいじゃないか。そうすれば毎年やって来る。ということで、独断と偏見をかえりみず、勝手にクマの日を創設してしまいました。

あらかじめ、候補日を一般募集してみました。九月三日（三日月のクマ）、七月二日（カタカナで書くと七が「ク」、二が「マ」に見える、などの意見が多く寄せられました。クマのクからか、九月に集中していました。でも、できることなら、語呂合わせではなく、記念となる日にしたい。で、決まったのは、一一月九日です。

①一九八六年一一月九日、日本で初めて、クマの痕跡観察会が開かれ、人とクマとが一歩近づいた日。

②一一月一五日の狩猟の解禁日も近く、アピールにも最適。
③冬ごもりを備え、栄養を蓄える一一月の中で、やっぱり語呂合わせで九の日。
ということが決定の理由です。

ついでに、国際ベアーズデーも決めました。八月二日です。『熊』と題されたハイドンの交響曲第八二番の語呂合わせ。

いかがでしょうか。でも、一九九六年の夏に決定したのに、全く定着していません。

もう一つ。「ツキノワグマ」の英訳についての提案です。

日本では「月の輪熊――ツキノワグマ」とすばらしい名を称されながら、英訳にすると、「Japanese Black Bears――日本の黒いクマ」となってしまいます。せっかくのいい名称が反映されず、単純過ぎておもしろくありません。何かいい英訳がないかと会員で考えました。首から胸にかけてある三日月の紋様をうまく活かした、月の輪熊にふさわしいネーミングを探しました。

三日月の紋様をVの字に見立ててVictory Marked Bears。月の英訳を使ってMoon BearsまたはCrescent Moon Bears。南米のメガネグマはSpectacled Bears（メガネの斑紋があるクマ）と訳されています。ならば月の輪熊は、月を首飾りに付けているので、Moon-Necklaced Bears（月を首飾りに持つ熊）でいかがでしょうか。

これからはツキノワグマを「ムーンネックレイスドベアー」と訳しましょう。

Moon-Necklaced Bears

第5章

クマを守ることは森を守ること

畑や植樹では間に合わない、今ある森を減らさぬようにしなければ

ツキノワグマは毎年、狩猟と有害鳥獣駆除で二千頭前後、時にはそれ以上が命を奪われています。現在、日本には一万頭が生息するといわれています。この数が多いか少ないかの判断は各々に任せるとして、ちなみに、仙台市の人口が百万人。その百分の一だけの数が全国にいるとすれば……答は……。

全国で発生する人とクマとのトラブル。一万頭のクマさえ森に留められないほど日本の森は病み、失われているのでしょうか。その一万頭が、まとまって生息している訳ではありません。各地に孤立し、開発や大規模な道路建設で、他の個体群とは交流もできない状態に置かれ、近親婚の度合いも高くなり、遺伝子が画一化して、繁殖に大きな支障をきたし、地域的絶滅への道を歩むことになります。一個体群が消滅すれば、それだけ遺伝子の多様性が低下して、広く見た場合は、日本のツキノワグマ種としての劣化が生ずることになります。個体や個体群としての数は、より多いことが望まれる訳です。

個体だけを将来に残してゆくのであれば、動物園で十分でしょう。これまでは展覧が主な目的であった動物園が、今では種の保存・種の繁殖を担う時代になり、人が野生の動物に対し、何らかの責任を負う時代になってきたことは確かです。しかし、クマは何万年もの生活の中で、冬ごもりや着床遅延（九八ページのコラム参照）という森に合わせて生きる特異な身体をつくり上げてきまし

た。加えて、知恵や行動を学習して代々引き継いできたのです。そんなすべてを残すことが「クマを保護する」ことだと考えています。

今、各地で盛んに行なわれている植樹。私たちが行なった「クマの畑」。どちらも完璧・完全というにはほど遠いものがあります。植樹は野生動物が本来の姿で利用するまでには数十年の歳月が費やされ、しかも、必ず成功して豊かな森になる保証はありません。一方の「クマの畑」は一時凌ぎのものに過ぎず、経済的なことや土地の問題のほか、何らかの理由で続けられなくなれば、そこで終わりになります。

人のやることが、それほど効果がないのであれば、あとは何ができるか。今ある森を残すことしかありません。なのに、「ツキノワグマと棲処の森を守る会」と称しながら、森を守ることに手を拱いていました。

そんな折、一九〇〇年代も終わろうとしている一九九九年一二月二〇日、朗報が飛び込んできたのです。本会が以前、仙台市西部の森で行なっていたクマの痕跡調査中に、国内希少動植物種に指定されているクマタカの巣を発見。その生息地を壊す林道工事の続行を「中止」すべきとの報告を「仙台市《時のアセス》農林専門委員会」が出し、市公共事業再評価監視委員会が「事業中止」を決断したのです。翌二〇〇〇年二月七日、仙台市長が正式に中止を発表しました。クマタカ発見から八年。動かざる大きな山が、ついに「動いた」。そんな感じがしました。

この「林道工事中止」の発端となる、クマタカ発見時のことをお話しします。

クマの棲む森にクマタカ発見

話は、一九九二年（平成四年）春、三月一五日（日）に始まります。場所は、仙台市太白区秋保町の名勝「秋保大滝」から青葉区作並に抜けるネッタ峠付近の森。ここの峠は、合併により今は仙台市になっていますが、一九八八年までは名取郡秋保町と宮城郡宮城町の町境にありました。互いの町から途中までは、古い古い林道が入り込んでいますが、双方が峠のかなり手前で止まっているので、峠付近にはすばらしい森が残っていました。

木々の若葉が芽吹く前の見通しが利くうちに、樹上にあるクマダナを確認するため、所々に雪が残る森を、私と会員の菅野淳子さんの二人で朝から歩いていました。いくつかのクマダナをチェックして、森の中で昼食をとり、別のルートを選びながら、停めた車の方向に戻る途中のこと。少し遠くで耳慣れない鳴き声がします。樹の上だ。いくらか近寄る。時間をおいてまたその鳴き声。二人はしばらく足を止め、声の聞こえたらしい樹上をジッと見つめていました。すると、ササーッと、やや大きめの鳥が飛び入りました。「な、何の鳥だ?」。タカか、それともカラスか。葉が繁る前の森とはいえ、多くの枝が重なり、目線の先を遮ります。幼鳥のような鳴き声はその奥の松の上から聞こえてきます。巣らしきものがあるのか?

さらに目を凝らして見入ります。頻繁ではないものの、出入りする鳥の姿と「ピャーピャーピャー」と鳴く声。鳥の種類を確かめたい。今、迷わずに近づき、確かめるべきか。しかし、何の鳥であれ私たちが接近して、刺激を与え、巣を放棄でもしたら……。そう考えて、タカである可能性を残して、その日はひとまず立ち去ることにしました。

三月二八日（土）、タカ類にくわしく、本会の会員でもあった、当時仙台市太白山自然観察センター職員の高橋千尋氏を案内して、確認を試みるべく朝から出かけました。空は快晴。高橋氏には「私はタカは不勉強で、その鳥もタカかどうか全く確信がない。タカらしいとは思うのだが、カラスだったりしたらゴメン」と、話しながら歩き始めました。私は双眼鏡、高橋氏はそれに加えて三脚とスコープを肩にかついでいます。

目的の場所が近づいてきました。一つ手前の尾根に登り、その鳥が出入りしたと思われる松に目がけて各々レンズを覗いてみます。それほどの時間も経たない頃、一羽の鳥が飛び立ちました。「出たー」。双眼鏡が追う。青い空を雄々しく舞っている。徐々に私たちの真上に来た。広げた翼には縞の模様、口からノドにかけては縦のスジ斑点。しばらくして、樹のてっぺんに休息。高橋氏は、より見通しの良いところへ駆け上がり、スコープを絞ります。「カッコイイー」と叫ぶ高橋氏。後頭部の、跳ねた冠羽根、オレンジ色の眼を捉えていました。やはりタカだった。タカが子育てをしている可能性があります。

樹上高くにクマタカの巣を発見。

「何のタカ？」

「ウーン、クマタカ……だと思う」

二人が今見た姿と図鑑を比べてみます。「まさか？」の思いもあり、その場では結論が出せませんでした。クマタカ……の可能性は大きいと、胸は躍ります。

家に帰って、タカの写真集を開き、二人の記憶と照らし合せてみました。まず間違いない。だとしても、特に何も騒ぐことではない。公にしたら密猟の心配もある。世に明らかにする必要はない。私たちだけで暖かく見守って行こうと思っていました。

クマとサルでは林道を止められない

ところが、その森に目がけて林道工事が始まっていたのです。森には、コナラ、クリ、ミズキ、ウワミズザクラが生い茂り、クマの痕跡が多く観られました。秋には多くのフンを採集して洗い出し、クマについて多くのことを勉強させてもらいました。

林道を横切るタヌキ。ほかにも、カモシカ、サルなど、森は多くの動物の生活の場。

工事は日に日に奥へ延びて行きました。このまま続けば、森が破壊されてしまいます。以前からの古い林道は利用せず、全く新しいルートに、いわば新設する工事になっていました。仙台市役所に確かめたところ、最終的には峠を貫通させる予定になっていたのです。

森が失われれば、ツキノワグマはどうなるのか。森を追われて里に降り、被害を発生させ多くが駆除されるのではないか。クマタカは暮らし続けられるのか。不安が走ります。

一一月、クマタカの名は覆せて「クマ、カモシカ、サルが生息する豊かな森を壊すな」と地元の新聞に投書を出しました。が、その後も林道工事は止まることを知りません。さらに奥へと延びて行きます。

翌一九九三年（平成五年）には、第一回の日本ツキノワグマ集会を宮城県で計画したこともあり、中止運動は手薄になりました。秋には林道工事を横目に、この森でツキノワグマのフィールド観察会を決行しました。早く林道工事を中止させなければ。気持ちだけが先走ります。手段を失いました。クマタカの力を借りようと決めました。

クマタカの力――斯くして林道は止まった

一二月、クマタカ発見から約二年、河北新報紙面を通じ、クマタカ生息を公にし、林道建設を問うことにしました。紙面には、新聞社カメラマンが撮ったすばらしいクマタカの写真と、山のはるか上のツキノワグマの写真が掲載されました。

翌一九九四年一月、二年前のクマタカ確認時に同行した高橋氏が「仙台クマタカの会」を結成し、二月には、仲間が林道中止要請の投書で応援してくれました。仙台クマタカの会は、シンポジウム・観察会・調査・要望書提出など、並々ならない努力の活動が続きました。さらに「自然環境・市民ネットワーク仙台」のリーダーで、弁護士の石田真夫氏が、この林道は「公共事業として妥当性はない」こと、加えて、地質調査を重ねた結果、「その地域は崩落地帯」であることを訴え、工事中止に力を注いでくれました。

こうして、クマタカ発見から八年、世に出してから六年。クマタカ発見が発端となった「クマの生息地を林道工事の破壊から救う」活動は、多くの人の力添えで、中止に漕ぎ着けることができま

林道があると、冬でも静けさは望めない。スノーモービルが入ってくる。

した。クマダナ調査中にクマタカを発見した会の活動が、森を守る一端になれたことを素直に喜びました。

この運動に関係した多くの人に敬服し、クマにはなかったクマタカの力に感謝します。みんなみんな、ありがとう。

林道は野生動物にとって「絶対悪」です。

東北の冬の林道は雪が多く、車も深くまでは入って来ないから、山の動物たちも安心と思いきや、ふつうの森では走れないスノーモービルが林道なら走行可能なので、音をたてて入って来ます。林道は動物たちの目で見れば、何一ついいことはありません。

林道さえなければクマタカを世に出すことはなかった。林道さえなければクマタカは、もっと静かに生活していた。クマタカに申し訳ないと思う

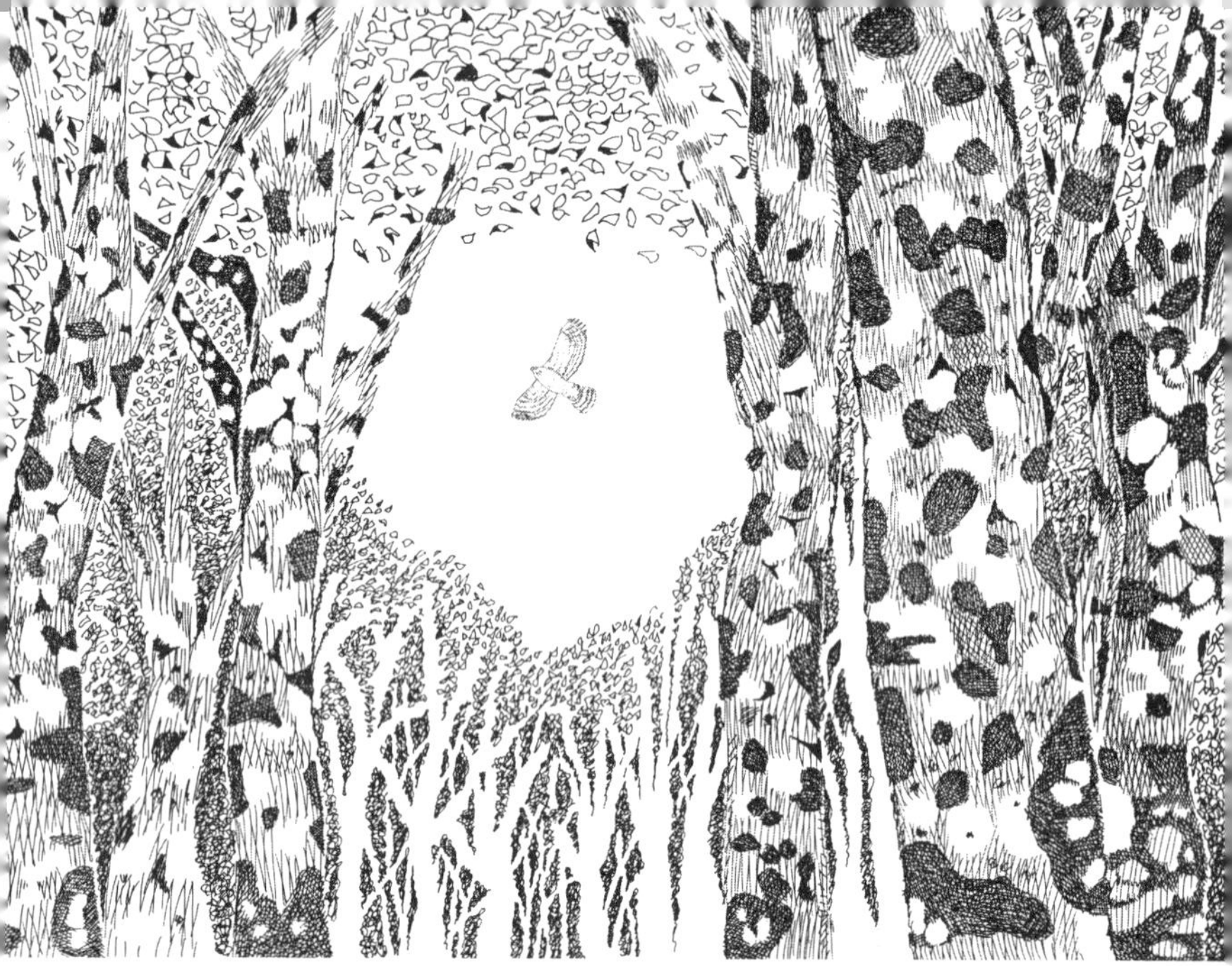

悠々と森に舞うクマタカ。できればそっとしておきたかったが、クマタカの力を借りなければ林道は止まらなかった。

ばかりです。
頑張った人から見れば私は何もしていません。

縄文晩期のクマの土偶。

縄文の神と恩返し

一九九九年六月一二日、朝日新聞「クマは縄文人の神？　青森で土偶出土」の記事が目に留まりました。古来からクマと人との関わりは深いと聞いていたから、それが立証されたことにもなるでしょうか。

この記事から、クマは「食料源」また「山の神のクマに対する畏敬の念」としての信仰だったことが想像されます。「食べる」ことと「信仰」は、表裏一体でもあったのでしょう。しかし現代は、クマの肉など生活に馴染みはなく、毛皮に代わる優れた防寒着、脂に代わる優れた軟膏薬、クマノイに代わる整腸薬があります。そのためでしょうか、クマに対する思いは、猛獣、有害獣としか見られなくなりました。

それはクマに限ったことではありません。日本は今でも多くの野生動物と暮らす国ですが、オオカミを失い、トキやカワウソや、その他たくさんの動物たちをこの世から消し去ろうとしています。

農作物被害が人災であるにもかかわらず、人は責任を負わず、責任はすべて多くの野生動物に転嫁してきました。しかし、そろそろ人も責任を考える時が来たのではないでしょうか。

そこで今、縄文人の心に思いを馳せ、責任を持ってできること。植樹や森の復元。それも、空気の浄化やおいしい水のための植樹、海の魚介類や貴重な昆虫のための植樹とは違った、ストレートに、クマを救う森、野生の動物たちに返還するという「償いの意識」を持った、意味ある植樹をすべきではないでしょうか。

「クマのために植樹なんて」と、反感を持つ方もいると思います。そこで、「縄文の神の植樹祭」と銘打ってはいかがでしょう。東北の山々ならどこでもクマは生息しています。どこの場所でもいいのです。先に挙げたいろいろな植樹もありき、何の理由であれ、広葉樹の植樹はクマの生息地を増やすことに変わりはないのです。だから、ふつうの植樹でいいのです。「縄文の神に、クマに、野生動物に森を返してあげるんだ」という意識を持って。

日本には「熊」の名がついた地名もたくさんあります。馴染み深いだけではなく、お世話になって来たのです。その肉は舌を喜ばせ空腹を満たし、毛皮は寒さを凌ぎ、脂は傷口を癒し、クマノイは腹痛を和らげてくれました。永きに渡り恩恵を受けながら、その恩を仇で返しているのが現代で

山形県朝日村にある地名。「クマイデ」と読む。

す。そろそろ、キチンと恩返しをする時代になっているのです。

そんな思いを胸に、一九九九年八月二九日(土)、川崎町の神社・熊野宮で「熊・縄文の神の慰霊祭」と称して、これまで人間の犠牲となったクマの慰霊祭を東北縄文文化同好会(会長・平田薫)の協力により開催し、多くの人の参加を得ました。イベントでありながら遊びではありません。宮司さんによる祝詞、主催者によるお供え、参加者が一人一人が、神殿へのお祈りをして、これまでのクマへの恩を感謝し、霊を慰め、お詫びしました。

第二部として、埼玉県在住の琴奏者、清水里美さんによる鎮魂の演奏と唄。続いて、私も加わった東北縄文文化同好会による創作舞踊と音楽劇をそれぞれ奉納しました。二〇〇二年には

「熊・縄文の神の慰霊祭」で創作劇を奉納。

さらにグレードアップした慰霊祭を開催し、クマの霊を弔いました。こんなことでクマたちへの罪を許されるものではありませんが、せめてもの気持ちを表す機会となったのは確かです。

クマは豊かな広い森がなければ生きていけません。逆の観点から見れば、クマが安心して暮らす森が増えることで、空気も水も、魚介類も潤う環境になるのです。山、里、平野、海が、そして野生動物が潤う広葉樹の植樹ができれば、それこそ一番の恩返しになることでしょう。

長老の言葉
――クマは捕ったが、森は壊さなかった

ところで、ツキノワグマにとって人間はどのように見えているのでしょうか？

新潟県と山形県の境、山形県小国町《おぐにまち》の狩人の

長老と話をしたときのことです。

「私たちが一般に『マタギ』と称する古来からの狩人たちの印象は、クマを山の恵みとして捕るも敬い、大切な生活の糧と認めてクマを捕り過ぎたりせず、狩猟数も調整し、たくさん捕獲した季節にはクマを見つけても『これ以上捕ってはダメだ』と銃を降ろす気構えを持ち、山の掟を厳守し、森を守り、クマも守ってきたから、今までこの自然もクマも残ったのだ。マタギに学ぶべきものは多いと感じている」

こう申し上げると、

「全く違う。マタギというものを少し美化している傾向があるし、そんなことはなかった」

と答え、

「そのように言われると恥ずかしいほどだ」

とおっしゃったのです。続けてお話をうかがうと、

「クマを見たら必殺、家庭にいくらかでもお金が入るように、収入を増やすように、とばかり考え、見つけたクマが、この山で最後の一頭だったとしても、逃してやろうと考えたことなどない。他の仲間も同じ考えであったと思う」

これを聞いて、目からウロコが一つ落ちた気がしました。そうなると、クマにとって人間は、恐ろしい限りの存在だったのです。

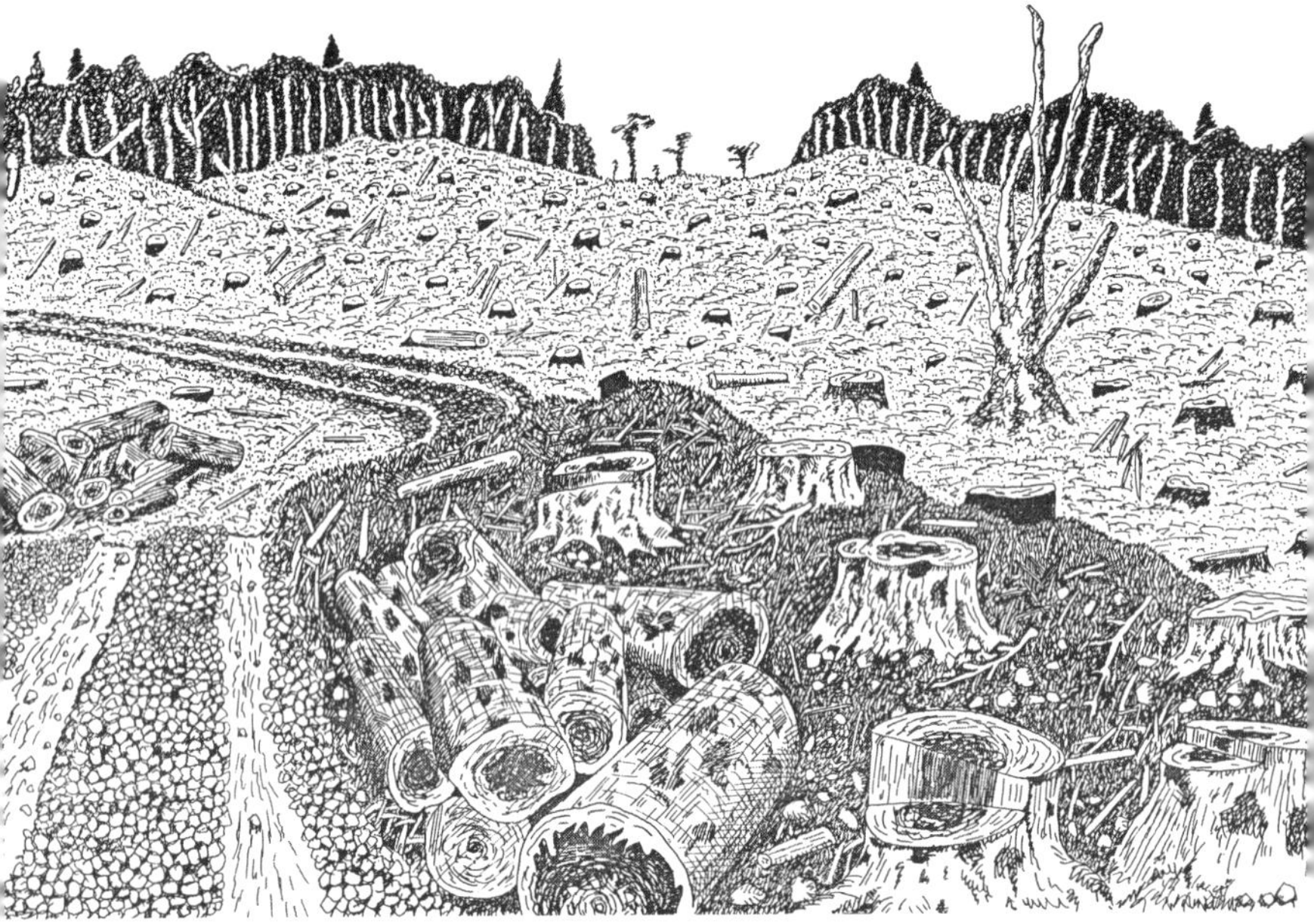

伐採が進む森。森を破壊することは、クマの棲処を奪うことに等しい。

しかし、長老の話はさらにこう続きます。

「でも、俺たちは、クマは捕っても、森を壊すことはなかった。クマの棲める森がありさえすれば、再びクマはまたどこからかやって来る。山の恵みとして山に育ち、俺たちの目の前に姿を見せてくれる。集落を潤してくれる。今みたいに森をないものにすれば、クマなど捕らなくてもクマはいなくなってしまう。自然保護を叫んでいる現代人が森を破壊している。森を破壊しておいてクマを守れとは、おかしい話だ」

ごもっともです。ちなみに、山形県では、自分たちのことを「マタギ」と称してはいません。狩人……「かりゅうど」または、語尾の「ど」の字を発音しない「かりゅう」と言っています。ただ、マタギという名称が古来の狩猟集団の代名詞としてあまりにも有名になったため、小国町小玉川《こたまがわ》集落の入口にも「マタギの里」と記した案内表示板を、町で設置しています。

長老が言うように、開発行為は彼らの生活にとっても、生か死かの大問題だったのです。ツキノワグマにこれ以上のダメージを与えないためにも、まず森を守ることがクマを守ることになるのです。

コラム

捕鯨とマタギ——鯨を食べることって皆の文化だったっけ?

近頃、捕鯨再開の声がいっそう高まってきています。調査捕鯨で捕っては、肉の流通は問題なく行なわれ、高値ではあるものの店頭に並びます。国際的な捕獲禁止はどこ吹く風。調査捕鯨の商業捕鯨化を憂いではいますが、捕鯨最盛期に比較すれば足下に及ぶ数ではないのも事実でしょう。こと鯨を食べることに関すると、食文化とか伝統とか言われますが、捕鯨はともかく鯨を食べることに文化や伝統が存在するのでしょうか。

もしや……、万が一、存在するとしても、その伝統と文化を継続するために、ある生物種が絶滅の危機にさらされるとするならば、その文化は消滅されるべきではないでしょうか。

しかしながら、現在の世の中はそれに反しているのが実状で、歴史や文化、伝統の名の下に多くの野生生物が絶滅の危機に瀕しています。単にある一時期に、一部の地域の人において行なわれ、多くの民衆が恩恵に授かったとはいえ、その業いが、日本の食文化であろうはずも、近代機器を使用しての食料物資を得ることが伝統継承であろうはずもありません。

美しい言葉の響きを持つ「食文化」を前面に出すような姑息な方法をとらないで、捕鯨に携わってきた彼らはなぜ、「鯨を食べたい！ うまい鯨肉を食べ続けたい」と言わなかったのでしょう。食べたい人だけが捕る。流通は許さない。こうした規範の中であれば、捕鯨が許される第一歩になるかもしれません。

ツキノワグマを例に取ってみると、「マタギ」と称する集団は、伝統狩猟を受け継ぎ、山の恵のすべてを山の神からの授かり物として尊び、自然を守る魂を備えているから、ツキノワグマ狩猟も許されるべしとの声もあるようですが、疑問を感じる点も多くあります。昔とは比較にならないほどの射程距離を持つライフルを持ち、双眼鏡、トランシーバーを使っての狩猟をする。こんな猟は伝統の名を借りた近代ハンティングの何物でもありません。一部の正当なマタギ（本当にいる？）が、マタギまがいの集団の隠れ蓑ともなる可能性もあります。絶滅が危惧され、過剰捕獲されているツキノワグマの前では、一考を促すしかありません。

人間が鯨との接し方の文化を、どの時代に求めるかは立場によっても違ってきます。食を含めた利鯨を文化とこじつけるなら、現代の〝保鯨〟意識、ホエールウォッチングもまた、すばらしい文化といえます。もう、食文化とか伝統で一方的な意見を押し、特定の生物種を脅かす幼い考えの時代は終わり、いかに野生生物に悪影響を及ぼさずに生活するかに努力しなければなりません。

生活の中で、鯨の前にも後にも鯨しか存在せず、主食あるいはそれに準ずる扱いで、生きていくために最重要視する民族が存在するのであれば、鯨猟が許されても差し支えないと思います。

第6章 素人だけど自然保護、素人だから自然保護

デパートの犬

このへんで、「ツキノワグマと棲処の森を守る会」が発足するずーっと以前のことをお話しさせてください。

私の出身地は山形県鶴岡市。子供の頃からなぜか動物が好きでした。幼児のとき、何かいやなことがあると、誰もいない部屋で、黄色いカゴをくわえた黒い子犬の玩具と「ひとり遊び」をすると気持ちは和らぎました。小学校に入る頃は、『ゴジラ』や手塚治虫の『ジャングル大帝』が大好きでした。

その頃のこと、兄が三羽のひよこを買ってきました。かわいくて懸命に育てました。一羽が死に庭へ埋めました。残った二羽が大きくなり、父親に手伝ってもらって木製の鳥小屋を作りました。どちらもオスで、卵を産む期待もないのに成長を楽しみにしていたのですが、じきにトサカが赤くなろうとしていたある朝、野良犬にさらわれてしまったのです。兄と二人で点々と路上につながる鳥の羽根を追いたどりましたが、犬もニワトリも見つからないまま、ただトボトボと帰ってくるしかありませんでした。犬が憎かった。何とかその犬をつきとめて仕返しをしたかった。しかし、その憎悪も時間の経過と共に消えていきました。

その後もたくさんの生き物を飼ってみました。犬への憎しみを忘れた頃、兄が友人から雑種で、鼻が真っ黒な子犬をもらってきて飼い始めました。私も飼育期間の長短はありましたが、ミドリガ

小学１年生の私。くつ入れはジャングル大帝。この頃から動物と手塚治虫が大好き。

メ、シマヘビ、カナヘビ、イモリなどを飼ってみました。母親はいやな顔もせず、飼育を手伝ってくれました。
兄が夏休みの自由研究でカイコを飼いました。幼虫はかわいく、毎朝エサとなるクワの葉を郊外に採りに行ったのですが、羽化して蛾となったカイコの成虫には馴染めませんでした。庭には池があって、金魚が卵を産みました。他の金魚に卵を食べられないよう、木枠にビニールを敷いた、にわか仕立ての水槽に卵を移すと、多くが孵りました。しかしなかなか育たなくて、一丁前の真赤な金魚になったのは皆無だったと記憶しています。

そんな一九六八～六九年頃、八～九歳の初冬。当時鶴岡駅前にあったデパート「佐金《さきん》」に買い物に行ったところ、一階店内の中ほどに犬が寝ていました。首輪もなく飼い犬には見えません。ふつうなら店員さんに追い出されるのでしょうが、そんな様子もありません。外は寒空、冷たい風が吹く中、店内は暖かくて寝心地がよかったのでしょう。顔はおとなしそうで、若くはない犬でした。

何を買ったかは忘れましたが、買い物を終え一階に戻っても、その犬はまだ寝ていました。家の犬も大きくなり、犬には慣れていたので、その犬に近寄ってみると、犬は首を上げ、立ち上がり、歩き出しました。それを見て目を見張りました。その犬は正常に歩行できる犬ではなかったのです。後ろ足双方が奇形で、関節が一つ余分にあり、ひざが後方を向き、歩く姿を表現すれば、ピョコタンピョコタンなんていうものではなく、ガックンガックンと体を揺らせて歩くのです。場所を変え、再び休んでいました。

店員さんの中に犬の好きな方でもいたのでしょうか。この異形な犬の存在を気にも留めず容認していたことを、今、振り返って感謝しています。少々伏せた気持ちで家に帰った私は、ゴロと名づけた飼い犬を抱いて泣いていました。

「お前は幸せだなあ。あの犬を救える力は自分にはない。世の中にはあんな不憫な犬がいるんだよ。お前はふつうに歩いてふつうに走って、他の犬と喧嘩して、贅沢なエサはやれないけど毎日食べて、屋根の下で寝て。特別いいことはないけど、お前は幸せだなあ」

涙がボロボロ流れてきました。

デパートにも閉店時間があります。その日の夕方には外に出されたであろうその犬を、数カ月後、別の場所で道を歩く姿を遠目で見かけました。相変わらずガックンガックンと歩いていました。誰にも飼われることはないでしょうし、その後はどうなったか知る由もないのですが、私の頭から消えることはありませんでした。

犬や猫は、車に轢かれてもそのまんま。動物は「生きたい」とか「幸せになりたい」とかの主張はできず、「生きる」という生物である権利も存在しないのだろうか。こんな疑問を子供ながらに抱いたのは確かでした。しかし、動物のために何かをしたいと思いながらも、まだ子供でもあり、環境問題や野生動物保護意識などが低い当時では、小遣いも活動力もありませんでした。

WWFジャパンへの入会

中学生のとき、世界野生生物基金（現在の世界自然保護基金）日本委員会（WWFJ、現在のWWFジャパン）の存在を知りました。まだ何もできませんでした。一九七八年の高校も終わる頃に晴れて会員となり、カンパも送金できるようになりました。何せ地方都市なので、それらしい活動の場はありません。地元の書店に務めた後に郵便局へ勤務。赴任先は山形県西川町水沢。月山《がっさん》の麓の町でした。周りがあまりにも自然がいっぱいで、そこに住んだ五年間は自然保護とか野生動物保護などという意識が薄れがちでした。

WWFJ機関紙で、全国の主要都市にはパンダクラブというWWFJへの協力団体があり、街頭募金や野生動物の現状を周知する活動を行なっていると知りました。東北の都・仙台にも、パンダクラブ宮城（代表酒井武氏）があることがわかり、一九八三年に仙台に転勤するとすぐに合流しました。活動開始です。

八木山《やぎやま》動物公園の前、アーケード街、デパートの前で、「野生動物を救うためにご協力をお願いし

仙台八木山動物公園前での募金活動。アフリカゾウを、パンダを救おうと呼びかけた。

ま〜す」と叫び、募金活動を行ないました。快感でした。一九八四年一〇月、活動の労いもあり、WWFチャリティ晩餐会へのお誘いを受け、参加しました。皇太子殿下・同妃殿下（現在の天皇皇后両陛下）、英国エジンバラ公フィリップ殿下、三笠宮寛人親王殿下・妃殿下も来場し、現天皇陛下とは二mもない距離で会釈し、目を合わせることもありました。

当時はまだ、ツキノワグマのことは知りませんでした。世界の野生動物保護のための活動に夢中でした。ますます頑張らなければと思わされた当時二四歳。会の発足まであと一年のときでした。

エッ？　オオカミを放獣する？

あれから約二十年。世界の野生動物を取り巻く状況は大きく変化しました。一九八十年代後半には地球環境問題が指摘され始め、一九九二年には生物多様性条約が調印されるなど、環境保全と野生生物の保護は国際的な重要課題となり、それらに対する人々の意識も、はるかに高まってきたと言えるでしょう。国際的な立場からも、野生動物をむやみに殺したりはできなくなってきています。しかしそれは危機的状況の裏返しでもあり、また、厳しい規制があっても、法をかいくぐった密猟や流通も停まることはありません。

日本国内では空前のペットブームで、海外の珍しい野生動物を無秩序にペットにする人が急増し、また飼い切れずに放す人や逃げ出す動物も急増しました。一方、山や森を見渡せば、バブル期を経てもなお開発が進み、荒廃した日本の自然や在来の動物に、捨てられたり逃げ出した動物が、いっそうダメージを与えています。連日のように外来動物の出没や捕獲騒動がニュースに流れ、ここはいったいどこの国かと思うほどです。

このように、野生動物への苦情や被害はいっこうに消えることがなく、動物によっては年々増加し、問題も複雑化して、対策への意見も様々です。人と動物との付き合い方は、まだまだ混乱の中にあります。

例えば、シカの問題。今、ニホンジカが増えて、食害も増大しています。シカは群れで移動し、集中して採食します。高山植物の群生地を壊滅させたり、森の下草を食べ尽くします。農林業の被害が特にひどく、スギやヒノキの樹皮が食べられ、シカの口が届くところは完全にはがされて枯死

東北のほとんどの地域にはニホンジカはいない。岩手県の五葉山には生息する。

してしまいます。

対策として、延々と防護柵で植林地を囲うことをしました。それにより被害を食い止めることはできましたが、シカの行動を妨げたため、食べ物を求めて移動できず、今度は餓死する個体も増えました。また、シカは豪雪などの自然環境の変化に影響されやすく、激減、激増もあり得ます。被害があるから、被害が多いからシカも多いと単純に考えて、駆除を続けていくと、あるとき激減していたということにもなります。そして駆除のやり過ぎによって数が減ると、禁猟にしたりします。個体数を安定させるのはなかなか難しいのです。

シカもツキノワグマも、あからさまには絶滅策はとられていないから、駆除は被害対策であり、個体数調整対策です。被害が起きてからの射殺、ワナ捕獲などの有害除殺と、被害を未然に防ぐ電気柵やガス砲などの追い払いと、いろいろな策が施されてきましたが、ここに、新しい対策として、究極かつユニークかつ、悪しき対策についてお話ししてみます。

それは、増え過ぎたニホンジカの捕食者として、山にオオカミを放すという方法。ニホンオオカミが消えて一〇〇年も経ってから、日本の山におけるオオカミの役割が見直されたのでしょうか。しかし、山の生態系を破壊した反省をしないまま、被害地に放そうとするのは中国北部に棲むハイイロオオカミだと言います。外国のオオカミが、本当に日本のシカをうまく管理できるのでしょうか。オオカミは、人間の思惑通り、シカを捕食し、生息数の安定に一役買うことができるのでしょうか……。

答は「NO」。確かに、オオカミにとってシカの肉は魅力的かもしれません。捕食の対象がシカだけだとしたら、進んで狩りもするでしょう。しかし、日本にはもっと魅力的な生き物がたくさんいます。牧畜、家畜、家禽です。簡単な柵に囲われただけの、逃げることもままならない生き物。それらは、おとなしいうえに栄養状態も良好で、肉づきも言うことなし。群れなくても、いつでも単独で襲うことができます。反面、野生のシカは大きな角を武器に持ち、動きも速く、激しい抵抗をします。簡単に捕る生き物がたくさんいるのに、好んでシカを捕ろうとするオオカミなどいないでしょう。もちろん、人間を襲うケースも考えられます。農作業中の人、林業従事者、山菜採りの人、登山者、釣り人など。

国内には、クマ、サル、イノシシ、ニホンジカ、カモシカのほか、野生動物の被害も多く生じています。新たに、オオカミの被害まで加えることはないでしょう。人間には困惑を与えるだけに過ぎません。

「オオカミのこともよく知らずにシカの個体数調整の効果になど口を挟むな」と言われそうですが、敢えて言うのは、過去に同じように、他地域から動物を持ち込んで問題となっている前例が数多く存在するからです。

動物を持ち込んだツケは必ずやってくる

一九七九年頃、奄美大島にマングースが放たれました。公式な放獣の記録は残っていないのですが、毒ヘビであるハブの咬傷被害の予防を目的として、マングースにハブを補食させようとしたためと言われています。しかし、二〇年以上も経過した今、マングースがハブを食べた証拠は得られないでいます。マングースはハブやコブラを捕る能力を備えてはいるものの、自然の中では、危険を犯してハブに挑む理由がありませんし、そもそもハブは夜行性、マングースは昼行性で、両者が出逢うことはほとんどなかったのです。それどころか、食べているものといえば、奄美の貴重な野生生物である、アマミノクロウサギ、アマミトゲネズミ、ケナガネズミ、キノボリトカゲ、バーバートカゲ、アカヒゲ等々、それに農作物。この事態を重くみた環境省と鹿児島県は多額の予算を投入してマングース駆除を行なっていますが、十分な成果は上がっていないようです。

新潟県佐渡島でも、昭和五十年代に、森林被害をもたらすノウサギを減らそうと、天敵としてテンが導入されました。しかし今ではテンが増え過ぎて、ノウサギは絶滅の危機に瀕し、その他にも弊害を起こしています。

双方、予測とは異なる結果を出して、人が放った動物を人が駆除することになりました。単なる浅知恵か、見通しの甘さか。安易に外から動物を持ち込むことに、シッカリと反省してほしいと思います。

そんな中でのオオカミ導入の話は、常軌を逸していると言わざるを得ません。そのオオカミを、また人が駆除する日が来ることは火を見るより明らかで、こんなことは誰にだって想像できることです。オオカミの放獣を目論む関係者が、早く夢から覚めてくれることを望みます。

「絶滅した地域へのクマの導入」もよく耳にしますが、まず無理と言えます。受け入れる側の地域住民は猛反対するでしょう。その前に、絶滅するぐらいの自然しか残っていないのですから、またすぐに絶滅してしまうでしょう。だからこそ、今クマがいる地域では、大切な生息地を保護しなければならないのです。絶滅した地域があれば、安易にどこかから連れて来ようとせず、大いに反省をすべきなのです。そして二度と繰り返さない。トキの問題も同じこと。中国から贈られたペアの繁殖がうまくいっていることは素直に喜ぶべきでしょうが、野生のトキを絶滅させてしまった事実が薄まってしまうのが心配です。国民に「いなくなったら連れてくれば済む」ことを定着させてはなりません。移入の問題はもっと深く議論されるべきテーマです。

うらやましいサル

東北ではサルの増え過ぎに悩む自治体も多く存在します。青森県の脇野沢村では、ついに天然記念物である北限のサルの駆除が始まりましたが、たいていは、クマのように、すぐ駆除するという訳にはいかないようです。人の祖先に近く、人に似ているからなのでしょうか、駆除をしたがらない駆除隊員が多いと聞きます。それに、サルは金にならないからです。人的被害の恐怖心も薄く、かわいいというイメージもあってか、駆除の大合唱にはなりません。

通称「マタギ」と呼ばれる人々も、サルの出没・被害に悩まされています。

「昔はどこの集落にも放し飼いの犬が一匹や二匹はいたものだ。サルが集落に近づくと、犬が勝手に追い払ってくれていた。それができなくなったことが、サルをはびこらせた」

と話していました。

一方クマは、毛皮、肉、脂、そしてクマノイ。一頭捕れば収入も大きく、襲われた時の恐怖もあります。こう見ると、同じ野生動物といいながら、クマとサルは全く違う次元に置かれています。

片や捕りたいという願望があり、片や捕ることがためらわれ、追い払いを中心とするサルの対策は

ニホンザルも駆除の対象だが、クマに比べれば恵まれていると思うのは私だけか？

クマにすれば、うらやましい限りです。

野生動物の保護を考えるうえで、各種被害の解決は避けられないことですが、被害が「被害」と認められたとき、初めて被害は存在するのです。それは、人間側のある程度の都合と許容範囲で決まります。被害があっても特段気に留めるものでないと認識すれば、それは被害ではなくなるのです。

クマの保護、共生にはいろいろな問題も絡んでいますが、要は、どこでクマと折り合いをつけるかなのです。今も昔も、クマを含めた野生動物が生息する限り、被害は存在し続けるのです。

不確実な生息数

よく「日本にツキノワグマは何頭ぐらいいる

のですか?」と聞かれます。

ウーン……。私も全国津々浦々のクマを数えた訳ではないから「わかりません」と答えます。ただ、環境省の発表している数は推定一万〜一万二千頭である、と伝えることにしています。

実はこの数字も、年度末に狩猟や有害鳥獣としての除殺の頭数から逆算していることが多く、定かなものではありません。また、「ツキノワグマはやはり減っているのでしょうね」と尋ねられても、これも同じく、数えていないのでウーン……となってしまいます。なかなか数字のことについては小学生の頃から苦手です。

生息数……このことは私だけではなく、どんな綿密な調査をしても推定の域を超える数字は出ないでしょう。

一九九〇年頃、逆算で数を出している環境庁(当時)の担当者に尋ねる機会を得ました。

「もし、クマが一頭も捕殺されない年があったら、それは日本に全くいないということになるのですか」

答えは
「そうなります」

……開いた口が塞がりませんでした。

数字というものはいい加減である反面、ひとり歩きもするものです。増えているのか減っているのか、何頭なのか、どれもこれも推定でしかありません。それでも、環境省や各県の発表する生息数が基準となってしまいます。

一九八九年（平成元年）に、ツキノワグマが生息する三〇の都府県に、生息数のアンケートを送付したとき、数字をもって回答したのが半分の一五の県。そのたった一五県の合計が、八一七九頭。環境省発表の一万頭に迫る数字です。それも、長野、群馬、栃木、福島、岩手といった有数のクマ生息県が不明にしているにもかかわらず。

この結果は、どう見たらいいのでしょうか。ツキノワグマは、一体何頭いるのでしょうか。真実はどこにあるのでしょうか。

九州の悲劇を繰り返さないために

わからないことと言えば、九州のクマのこともわからない。

一九八七年に三八年ぶりの射殺として話題となった山の周辺を、一九九〇年の夏、少しばかりの時間でしたが散策してみました。しかし、決定的となるツキノワグマの痕跡は見当たりませんでした。

それは当然のことでしょう。ツキノワグマが生息して当たり前の東北の森でさえ、痕跡を探すのは容易ではありません。でも東北の森なら、時間をかけてその気になって探し歩けば、見つからな

九州の山々を案内してくれた面々。たくさんの人が関心を持つことこそ、減少や絶滅を回避することができる。

くもないのです。大きなフン、樹肌に深いツメ跡があれば、誰でもツキノワグマと考えるでしょう。

しかし、九州の森ではそうはいきません。「いる」「いない」の論議となっている場所だけに、その後の影響や波及を考えれば、簡単に判断・決定はできません。そのことを思うと、当時、「ツキノワグマが九州に確実に生息」との発表に至るまでの環境庁や地元の調査団の御苦労と決断力、そしてそれを捕獲禁止へと結びつけた行動力には、敬服するばかりです。

しかし二〇〇一年、残念ながら、九州では最後の生息地であろうと思われる宮崎・大分両県で生息の可能性がないと、いわゆる「絶滅宣言」が出されました。

宮崎、大分県境の森は深く、見渡した限りツキノワグマが生息するに支障はないように思えます。さらに山は険しく、人を容易に寄せつけない鋭角の山々が連なっています。ツキノワグマにとってはヒッソリと棲みやすい環境に見える一方、植林された面積も広大です。また、急斜面を拓いての畑も非常に多いのです。

開発は、山の上へ奥へと進み、野生動物の棲処が奪われていく。

もともと、ツキノワグマは九州には少なかったのです。生息密度が低かっただけに、森を分断する開発は減少に拍車をかけ、気がつく間もなく絶滅となったのです。これは九州だけの問題ではありません。狩猟、有害駆除による個体の減少は日本全体で進行しています。野生生物の生息域の分断など気にも留めない、過去の開発を上回る乱開発の状況下、本州とて突如の絶滅劇にならないとも限りません。いや、このままでは九州の悲劇を繰り返すことは、まず間違いないでしょう。

宮崎で、九州のツキノワグマを執念で追い続けている人に出会いました。ツキノワグマが生息し続けていることを信じ、カメラに納めるべく休む暇さえ惜しみ、山を歩き続けているのです。やがて、この人を取り巻く人たちも、クマの生息を信じ、調査に協力し、宮崎の山々を歩き渡っています。そしてさらに、深くツキノワグマに関心をもつようになるでしょう。こうして、たくさんの人が関心を持つことこそ、減少や絶滅を回避していくのだと思います。

野生動物の生息数を出すことはたいへん難しい。それは私にもよくわかります。しかし、そうしているうちに、何もわからないままに、いつのまにかいなくなる。結局、九州のように絶滅宣言が出されてしまう。

そういう意味では、これから数年は要注意の年と言えそうです。二〇〇三年は冷夏、打って変って二〇〇四年は猛暑。でも山の実りはいいだろうと思っていたら、観測史上最多の一〇個の台風が日本列島に上陸、その影響かどうかははっきりしませんが、各地でツキノワグマが人里に出没し、大きな社会問題となりました。人身被害も急増し、それに伴って多くのクマが殺されていきました。クマ大出没の原因として、日本海側ではブナやミズナラの実が凶作だった、相次ぐ台風でドングリなどの実が落ちてしまった等が指摘されましたが、本当のところはわからないようです。しかし、本来いるべき山にいられなかったことは事実です。先にも述べたように、クマはドングリやクリをたくさん食べないと出産しないのです。春になって、越冬穴から出て来る赤ちゃんは一体どれだけいるのでしょう。

それにしても、二年続けてどうしてしまったのか。ただ、これだけは言えます。こんな年ほどクマを減らしてはいけないのです。来年の出産数が抑えられ、増える見込みがないとわかっていながら、今、多くのクマを獲ったら生息数の激減につながります。何度も言います。悪天候で、山の堅実類が不作で、秋になっても里にクマが降りる年ほど、獲ってはいけないのです。除殺するのは簡単でしょう。しかし、クマのそんな摂理も考えて、追い払いに力を入れるなどの手段も取り入れるべきです。殺しだけではない方法を模索する時代に入っています。

もう九州での悲劇を繰り返してはならない。その地方地方に棲むツキノワグマが、ふつうに生き続けていけるような体制づくりを急がねばなりません。

素人だけどできること、素人だからできること

今、ツキノワグマが遠い将来まで生き残るには、一段と厳しい状況になっています。二一世紀はまさに正念場の世紀です。

自然にも野生動物にも、いわゆる素人である私が、日本の野生動物の頂点ともいえるクマの保護、調査、被害などの実態に関わることになって二十年近くが経ちました。会を立ち上げ、地元はもちろん全国にも呼びかけて、会員も全国に広がっています。しかし、現在の活動を考えると、とても全国などカバーできるものではなく、東北地方でさえ充分ではありません。

被害農家の人たちとの話し合いも大事な活動。

西日本と比べれば、生息数も多い東北の山々ですが、東北は東北で様々な問題を抱えており、対応しなければならないことが山積みです。会の主要メンバーは公務員や会社員といった社会人が多く、今より活動のエリアを拡大するのは難しい状況です。遠い地域での問題発生にも駆けつけることができず、全く対応できないのが実情です。悩みは尽きませんが、何とか継続してきています。

私はと言えば、研究者にとっては行動の意味さえ持ち得ない突飛な活動に奔走し、常軌を逸した活動も平気で行なってきました。「クマの畑」のような、思いがけない、地元の人からのアッと驚くような提案があったときも、意外に簡単に乗ることができました。専門家であれば、避けるか、あるいは躊躇する発想への対応も、素人だからこそできたのだと思っています。

私たちは「クマの畑」をつくりましたが、賛否両論、様々なご意見がありました。願ってもない一つの風圧ではありましたが、それが竜巻になり、世の中へ、クマの現状を知らせることに一役買ったことはまちがいありません。

私はあなたの地域にも「クマの畑」をつくろうヨ、と言うつもりはありません。その地域地域に合った、クマに関わる発想、クマのためになる活動があるはずです。それを見つけて、行動に移してほしいのです。もちろん、「クマの畑」をやってみたい、という人がいたら、応援し、お手伝いもします。これまでの経験などをアドバイスさせていただきます。

その地方のツキノワグマは、その地方の人が動いて、周知・教育・提案・行政交渉に加えて、調査や研究を行ない、保護や共存、狩猟や駆除のあり方、森林の保護、クマとの棲み分けなどを訴えていくのが最善です。その地方のクマは、その地方の人が守っていくのが一番なのです。

ツキノワグマは、今、どこの地方でも絶滅の危険性をはらんでいます。あなたがクマに関心があり、クマの保護の必要性を感じたなら、その地方のクマの守り手は、あなたしかいません。クマにくわしくなくても、何も難しいことはありません。自分が勉強するつもりで活動を進めればいいのです。素人なりに、いや素人だからできることがあるはずです。情報や意見の交換をしていきましょう。二一世紀の空気を、日本のクマにも吸わせましょう。多くの人の決起を期待しています。

クマが安心して暮らすことができる森を、空気を、22世紀に残さなくてはいけない。

あとがき

野生動物のための活動をしたいと、子供の頃から思っていました。ただ、野生動物をメシの種にはしたくなかった。野生動物の調査研究や保護活動を職業とする人を批判しているのではありません。メシの種にしようにも自分自身の能力に欠け、責任能力においては、ボランティアが限界と感じています。

たまに「頑張ってください。会の発展を望んでいます」と言われたりします。しかし本会のような活動は、縮小されるのが本来であり、こんな活動がもし発展することになれば、それはクマの状況が良い状態になっていない現れであり、由々しきことだと思います。つまり、クマの保護を職業としたとき、クマのしっかりとした保護がなされるために本気で仕事ができるのか、自分の仕事を失うことを目標に、そのために頑張れるかと考えたとき、この頭では整理がつかなかったというのが本音なのです。

現在、自然保護や野生動物保護のための調査や教育を仕事にしている人は、自分の仕事がなくなるほどに、自然が豊かになることを望んで、業務に当たっていると信じています。と、言いながらも、人間が今と同じ営みを続けていけば、様々な問題は次々と発生し、自然保護を訴える行動はなくならないのも実状と考えています。ならば、自然保護を仕事として、大きな力を発揮される人の存在はたいへん重要です。

私はよく「早く会をやめたい」と言うので、驚かれる人がいます。これは「たいへんだから投げ出したい」という意味ではなく、「本会など手を引けるようなしっかりした保護体制」への望みが含まれています。

本職とは別の仕事がある。郵便局と、この活動。会を始めたからには、努力を惜しむ訳にはいきません。気持ちの中で、てんびんの両腕の重さは同じになりました。活動にのめり込み、本職を疎かにすれば、私の職場内でのイメージを悪くするのみならず、クマへのイメージまで悪くしてしまいます。本職は本職で一生懸命にやる。そのベースがあってこそ、活動にも同じように力を入れることができました。おかげで、職場の人には、無理を言っての休暇の調整をはじめ、イベントの手伝いや会報の発送作業、ハガキ作戦への協力、グッズの購入やカンパなど、多くの応援をいただきました。この活動は、この職業だったからこそできたと感謝しています。

専門家でもない私が、活動を続けるに当たっては、多くの本や文献に接しました。この本を書くのにも、それが大きな力となり、また、専門家の講演を聞いたことも、大いに参考になりました。

日本ツキノワグマ研究所の米田一彦氏、野生動物保護管理事務所の羽澄俊裕氏や西澤敦司氏、泉山茂之氏、下北野生生物研究所の森治氏、岐阜大学におられた坪田敏男氏、北海道環境科学センターの間野勉氏、狩猟文化研究所の田口洋美氏、東北大学にもおられ東京大学総合研究博物館の高槻成紀氏、岩手大学の青井俊樹氏、のぼりべつクマ牧場の前田菜穂子氏、奥多摩ツキノワグマ研究会の山崎晃司氏、日本獣医畜産大学の羽山伸一氏、岩手県在住でエッセイストの高橋喜平氏、写真家の太田威氏、アイヌ民族初の国会議員の萱野茂氏、よこはま動物園（ズーラシア）の増井光子氏、雪の研究家の高橋喜平氏、岩手県ツキノワグマ研究会の藤村正樹氏や赤塚謙一氏、信州大学におられたオスカー・ヒューゲンス氏、軽井沢・星野リゾートの小山克氏、森林総合研究所の皆様、エッセイストの澤口たまみ氏ほか「ツキノワグマを知る集い」や「クマを語る集い」でご講演いただいた講師の方々。

多くの方々のアドバイスも力になりました。

WWFジャパンの永戸豊野氏や草刈秀紀氏、日本自然保護協会の工藤父母道氏や金田平氏、横山隆一氏、動物画家の桑島正充氏、ネイチャールポライターの多田実氏、日本熊森協会の森山まり子氏、アライブの野上ふさ子氏、エルザ自然保護の会の藤原英司氏、ヒグマの会の皆様、野生生物保全論研究会の皆様、自然環境研究センターの皆様、信州ツキノワグマ研究会の林秀剛氏、新潟市の季刊『ばらくて』編集長の小船井秀一氏、阿仁クマ牧場の小松武志氏ご夫妻、日本獣害研究所の高木直樹氏、ひげとしっぽ企画の中野真樹子氏、動物サミットの濱井千恵氏。そして、ツキノワグマと棲処の森を守る会々員のみなさん。

地元の活動では、佐藤善幸氏、我妻正美氏、近藤早苗氏、熊野伸子氏、結城京子氏、佐藤勝氏、佐々木みゆき氏、安倍哲夫氏、金丸英稔氏、千葉文彰氏。東北大学の内藤俊彦氏、仙台クマタカの会の高橋千尋氏、『自然のひびき』編集部の細川昭氏。蕃山21の会の石田真夫氏や菱沼仁平氏、酪農家の工藤静雄氏や三浦守氏、小峯誠氏。喫茶店「集（つどい）」の狩野浩道氏と浅黄千恵氏。作家の熊谷達也氏。各報道機関の皆様。そしてたくさん迷惑をかけた家族。多くの人に支えられてきました。この場を借りて、感謝を申し上げます。（肩書きは現在職とは限りません）

そして、この本の出版にあたり、カバーの絵をお描きいただいた動物画家の田中豊美先生には言葉にできないほどの感謝の気持ちでいっぱいです。田中先生の絵はこの本の価値を高めてくださいました。

この本に書いたことは、これまでの活動であり、単なる途中経過報告にすぎません。活動はこれからも続きます。これからがさらにたいへんな時代に入ります。

二一世紀の日本にツキノワグマはいるのか。いることを望みます。二一世紀はツキノワグマにとって、間違いなく正念場の世紀になります。

クマの保護対策は緊急事態ながらも焦らず続けること。「継続は力」とし、本会の活動も息永く続けることが、お力添えいただいた方々に報いるものと考えています。

「クマの畑」をはじめとする本会の活動は、今、評価されるものではありません。会の存在が、意義あるものだったか否かの結論は、百年後、二百年後の人々に委ねたいと思います。その百年後も二百年後も、この日本列島にツキノワグマが息づいていることを望んでやみません。

二〇〇五年二月九日

ツキノワグマと棲処の森を守る会

代表　板垣　悟

「ツキノワグマと棲処の森を守る会」活動内容

＊痕跡調査生息調査。
＊生息地踏査。
＊被害現場の環境把握、被害防除法の模索。
＊宮城県庁（鳥獣保護班）や仙台市役所（関係部所）、県猟友会への訪問。
＊各県への要望、アンケート送付。
＊年４回会報『ツキノワグマの代弁』発行。
＊「クマの畑」づくり（農作物被害を肩代りする畑）。
＊ツキノワグマのフィールド観察会（フンやツメ跡、クマダナなど痕跡を観る）。
＊11月９日を「クマの日」に、８月２日を「国際ベアーズディ」に提唱。
＊クマの感謝祭慰霊祭開催。
＊立看板やプラスチックボードの設置。
＊Ｔシャツやトレーナー、ポストカード、ステッカーの販売。
＊「仙台クマタカの会」への支援（クマタカ飛翔、痕跡など生息調査）。
＊クマを語る集い・日本ツキノワグマ集会事務局。
＊ＪＢＮ日本クマ・ネットワーク会員。
＊「日本ツキノワグマ研究所」理事。　etc.

連　絡　先：〒982-8692　新仙台郵便局私書箱第９号

共同事務所：〒982-0012　仙台市太白区長町南２－15－21清和荘３号
オフィスむささび小屋内　TEL 022-246-0496

西暦(年号)	活動内容
1998年(平成10)	多田実著『境界線上の動物たち』(小学館)が新書本として発売。 手塚プロダクションのご厚意により、鉄腕アトム・ジャングル大帝レオなどの木製焼印キーホルダーを作り、「手塚治虫図書室」にある「クマの森募金箱」募金者へ無料で頒布。
1999年(平成11)	「クマの畑」の活動で、イオン・グループとWWFＪの助成団体となる。 ヒグマ・フォーラムin江差で活動報告。 クマの慰霊祭開催。 東中国山地クマ集会(兵庫県)、WWFセミナー東北で活動報告。
2000年(平成12)	クマタカが生息するツキノワグマの森の林道工事が中止決定。 クマ駆除捕獲後のヤリ殺しが改善される。 WWFシンポジウム(東京)で活動報告。 「畑に来たクマの姿」の撮影をミヤギテレビが世界で初めて成功。その映像を日本テレビ「ズームイン朝」ニュース「きょうの出来事」他で放映。 第８回クマを語る集いを仙台で開催。
2001年(平成13)	第98回日本畜産学会やWWFセミナー in信州で活動報告。 ＮＰＯ法人「日本ツキノワグマ研究所」理事に就任。 WWFＪより「クマの畑」へ10年間の助成開始。
2002年(平成14)	朝日新聞社『知恵蔵2002』に「クマの畑」が載る。
2003年(平成15)	第10回クマを語る集いを蔵王の里・村田町で開催。
2004年(平成16)	「クマの畑」８年目。韓国のテレビ局が取材。
2005年(平成17)	発足20年目。活動をまとめ、東京都新宿区の出版社地人書館より本書を出版。

西暦(年号)	活 動 内 容
1993年(平成５)	日本ツキノワグマ集会(現・クマを語る集い)第１回目を宮城県で開催。 宮城ツキノワグマ研究会を発足。 仙台市の「広瀬川流域の自然」の調査へ参加。 朝日連峰の狩人(朝日マタギ)志田忠義氏講演会(第７回知る集い)。
1994年(平成６)	本会調査中に発見したクマタカの巣に向け林道が延びたためクマタカの力を借りてツキノワグマの森を守るため「仙台クマタカの会」(高橋千尋代表)発足。
1995年(平成７)	宮城県のクマの奥地放獣テレメトリー調査へ参加(～96年)。 写真家太田威氏講演会(第８回知る集い)。 第３回日本ツキノワグマ集会を山形県で開催。
1996年(平成８)	第５回カルカン・アワード賞受賞。 アイヌ民族初の国会議員参議院議員萱野茂氏講演会(第９回知る集い)。
1997年(平成９)	第48回全国植樹祭緑化功労者顕彰(自然保護部門)を受ける。 「クマの畑」開始。ＮＨＫのドキュメント東北(ＢＳで全国放送)、クローズアップ現代や、ニュース11、地元放送局が放映し大反響。 第５回日本ツキノワグマ集会を蔵王町で開催。 イエローストーンガイドのスティーブ・ブラウン氏講演会(第10回知る集い)。 宮沢賢治作『なめとこ山の熊』のなめとこ山の発見者佐藤孝氏の講演と、エッセイストの澤口たまみさん、花巻のナチュラリスト望月達也氏のトーク(第11回知る集い)。 仙台に「手塚治虫図書室」を開設し、「クマの森募金箱」設置。 小学館の月刊『ＢＥ-ＰＡＬ』連載「境界線上の動物たち」第８回「ツキノワグマの章」に登場。

これまでの活動ピックアップ(2005年２月現在)

西暦(年号)	活 動 内 容
1985年(昭和60)	発足
1986年(昭和61)	日本(世界)初、クマの痕跡を観る「ツキノワグマのフィールド観察会」開催。その模様が月刊『アニマ』(平凡社)に掲載。 会報『ツキノワグマの代弁』第１号発行。
1987年(昭和62)	朝日新聞宮城版に、ツキノワグマ他野生動物のイラスト連載。 各都府県にツキノワグマ保護に関する要望書送付。
1988年(昭和63)	要望書の回答結果を朝日新聞が掲載。これを受け、４コマ漫画『ペエスケ』の題材になる。 「ツキノワグマを“知る”集い」始まる(第１回ＮＨＫ小野泰洋氏、第２回高橋喜平氏)。 宮城県の「クマの駆除権限」知事から市町村長への委譲を阻止。
1989年(平成元)	各都府県に第２次ツキノワグマ保護に関する要望書送付。 朝日新聞記者田代温氏講演会(第３回知る集い)。
1990年(平成２)	日本科学者会議総合学術研究会で活動報告。 多摩・上野動物園園長歴任、ナチュラリスト増井光子氏講演会(第４回知る集い)。
1991年(平成３)	ツキノワグマフォーラム(ＷＷＦＪ・ＮＡＣＳ-Ｊ主催)活動報告。 小学館『ＢＥ-ＰＡＬ』連載『一生懸命人列伝』に登場し、活動紹介。
1992年(平成４)	クマの痕跡調査中にクマタカの巣を発見、生息を確認。 秋田クマ研究会米田一彦氏講演会(第５回知る集い)。 読売新聞記者岩田万理氏講演会(第６回知る集い)。

《著者紹介》

板垣　悟（いたがき・さとる）

1960年　山形県鶴岡市生まれ。
1978年　山形県立鶴岡工業高等学校情報技術科卒業。
　　　　鶴岡市内の書店従業員を経て、月山山麓、西川町の郵便局に勤務。自然多き中で仕事をしていた。
1983年　仙台市内の郵便局に転勤。直後より野生生物のために、街頭などで募金活動を行う。
1985年　「ツキノワグマと棲処の森を守る会」発足。この年からクマに関わる日々が始まった。
1996年　カルカン・アワード賞。
1997年　「クマの畑」開始。第48回全国植樹祭緑化功労者顕彰（自然保護部門）。仙台市内に「手塚治虫図書室」を開設。
2005年　クマの畑は9年目。

現在は仙台中央郵便局勤務。仕事と活動の両立に奮闘中。

読書も音楽も山歩きも捨てがたく好みます。

座右の書は、森敦「月山」、江戸川乱歩全集、手塚治虫全集（座右の書にしては多すぎるのが悩み）。

音楽は「上海バンスキング」などのブラスバンドやクラシック全般。

山歩きは東北の山々。

「クマの畑」をつくりました
素人、クマ問題に挑戦中

2005年4月11日　初版第1刷
2005年6月25日　初版第2刷

著　者　板垣　悟
発行者　上條　宰
発行所　株式会社　**地人書館**
〒162-0835　東京都新宿区中町15番地
電話　03-3235-4422
FAX　03-3235-8984
郵便振替　00160-6-1532
URL　http://www.chijinshokan.co.jp/
e-mail　chijinshokan@nifty.com

印刷所　平河工業社
製本所　イマヰ製本

ISBN4-8052-0759-0 C0045